National Competency Standards **NCS**
네 일 미 용
http://www.ncs.go.kr

응용 네일미용 실습서

고정민 · 김유정 저

구민사

머리말 Preface

NCS(국가직무능력표준)란, 산업 현장에서 직무를 수행하기 위하여 요구되는 지식, 기술, 소양 등의 내용을 국가가 산업 부문별 · 수준별로 체계화한 것으로 산업현장의 직무를 성공적으로 수행하기 위해 필요한 능력(지식, 기술, 태도)을 국가적 차원에서 표준화한 것이다.

이에 본 실습서는 기초 네일미용의 응용과정으로 네일미용 직무에서 NCS 교과과정의 능력단위인 기초 팁 네일, 랩 네일, 팁 위드 랩, 아크릴 네일로 응용네일 작업을 수행함에 있어 필요한 이론과 실기에 대한 내용으로 작성되었다.

또한 NCS를 기반으로 직무능력 향상을 위해 단계별로 만들어졌으며 학생들은 학습모듈별로 학습목표를 따라 수업내용에 충실히 임하면 산업현장에서 요구하는 실무를 무리없이 수행할 수 있는 결과를 얻게 될 것이다.

학습자는 스스로 배우고자 노력하는 과정에서 성취감을 맛보고 상호실습을 통해 서로의 실습내용을 감상함으로써 타인에 대한 배려심과 바른 인성을 함양하게 된다. 결국은 학생들의 주도하에 학습하고 기술에 대한 의견을 나누고 부족한 부분을 끊임없이 연습하여 스스로의 기술에 확신을 가져야 할 것이다.

따라서 본 실습서는 네일미용 모듈에서 직무를 수행할 수 있는 워크북 형태로 구성되어 있고, 학기를 마감할 때 학습자의 수행과정을 한눈에 알 수 있도록 구성하였다.

본 실습서의 출판을 위해 도움을 주신 도서출판 구민사 조규백 대표님과 편집부 여러분께 깊은 감사를 드린다.

저자 씀

목 차 Contents

교과목 프로파일

교과목 정보							
교과목명	응용 네일미용					이수구분	전선
학년 · 학기	1 - 2	학점	2	시수	3	이론/실습	1 / 2

직무명 및 NCS 능력단위			
직무명	능력단위	능력단위코드	학습모듈
04. 네일미용	네일 랩	1201010405	네일 랩
	랩 네일	1201010405	네일 랩
	아크릴 네일	1201010407	아크릴 네일
	아크릴릭 네일	1201010407	아크릴 네일
	기초 팁 네일	1201010417	무
	팁 위드 파우더	1201010417	무
	팁 위드 랩	1201010419	무

교과목 개요	네일 미용사로서 고객의 미적요구를 충족하기 위한 네일 미용 서비스로 고객의 외향적 특징과 트렌드 등을 반영하여 적합한 디자인을 설계하고 산업현장에서 기본이 되는 응용 네일을 학습한다. 또한 이에 필요한 NCS 능력단위의 수행준거를 기반으로 네일 팁, 네일 랩, 아크릴릭 네일의 능력을 익히고 실습한다. 본 교과는 1:1 개인 실습 중심의 교과목이며 응용 네일을 공부하기 위한 교과목이다. 미용사(네일) 자격증 취득에 필요한 네일 팁, 네일 랩, 아크릴릭 네일의 현장실무 활용을 위한 교과목으로 현장실무에 필요한 능력을 갖춰 줄 수 있다.
교육목표	고객의 네일 보호와 미적 요구 충족을 위하여 네일 위에 전 처리, 래핑하기, 연장하기, 마무리하기를 할 수 있다. 또한, 네일 연장을 통한 고객의 네일 보호와 미적 요구 충족을 위하여 네일 위에 전 처리 후 폼과 아크릴릭을 적용하고 마무리할 수 있다.
교육내용	네일 전 처리하기 네일 팁 접착하기 네일 팁 표면 정리하기 오버레이하기

	NCS능력단위	자체 능력단위
장비 및 도구	• 아크릴릭 브러시 • 디펜디시 • 더스트 브러시	

교수학습방법	a	b	c	d	e	f	g	h
	○	○						
	a. 이론강의, b. 실습, c. 발표, d. 토론, e. 팀프로젝트, f. 캡스톤디자인, g. 포트폴리오(학습자/교수자), h. 기타							

평가방법	a	b	c	d	e	f	g	h	i	j	k	l	m
							○						○
	a. 포트폴리오, b. 문제해결시나리오, c. 서술형 시험, d. 논술형 시험, e. 사례연구 f. 평가자 질문, g. 평가자 체크리스트, h. 피평가자 체크리스트, i. 일지/저널 j. 역할연기, k. 구두발표, l. 작업장 평가, m. 기타												

직업기초능력 연계 정보

영역	하위영역	수행준거
의사소통능력 (01)	의사소통능력	의사소통의 개념과 중요성을 설명할 수 있다.
		의사소통의 종류를 설명할 수 있다.
		의사소통 저해요인을 제거할 수 있다.
		의사소통능력을 개발하기 위한 방법을 실천할 수 있다.
		기초 외국어 능력의 필요성을 설명할 수 있다.

교육정보	응용 네일 관련 참고 도서 인터넷을 통한 전문 채널 및 비디오, DVD 등의 시청각 자료

<table>
<tr><th colspan="6">관련 NCS 정보</th></tr>
<tr><th>대분류</th><th>중분류</th><th>소분류</th><th>세분류</th><th>능력단위</th><th>능력단위코드</th></tr>
<tr><td>12. 숙박 여행오락</td><td>01. 이·미용</td><td>01. 이·미용 서비스</td><td>04. 네일미용</td><td>랩 네일</td><td>1201010405_16v3</td></tr>
<tr><th>능력단위요소 (코드)</th><th colspan="3">수행준거</th><th colspan="2">지식·기술·태도</th></tr>
<tr><td>랩 연장하기 (1201010405_16v3.03)</td><td colspan="3">3.1. 고객의 요청에 따라 프리에지의 길이를 연장 조형할 수 있다.
3.2. 필러파우더와 네일 접착제로 연장한 랩 네일의 두께를 조절할 수 있다.
3.3. 고객의 요청에 따라 연장된 랩 네일의 프리에지 형태를 조형할 수 있다.
3.4. 연장된 랩 네일의 표면을 인조 네일 구조에 맞춰 정리할 수 있다.</td><td colspan="2">[지식]
• 네일 접착제의 특성에 대한 지식
• 네일랩 보강제의 특성에 대한 지식
• 네일랩 제품의 특성에 대한 지식
• 인조 네일 구조에 대한 지식
• 인조 네일 파일 사용 방법의 이해
• 프리에지 모양을 다듬는 방법의 이해
• 프리에지 모양의 이해
[기술]
• 네일 접착제의 특성에 따른 사용 능력
• 네일랩 보강제의 특성에 따른 사용 능력
• 네일랩 제품의 특성에 따른 사용 능력
• 인조 네일 구조 파악 능력
• 인조 네일 표면 정리 능력
• 파일 사용 능력
• 프리에지 모양을 다듬는 능력
[태도]
• 네일 길이 연장 시 고객의 요구를 반영하는 자세
• 랩 네일 연장 고객을 배려하는 자세
• 랩 네일 연장을 위한 바른 자세
• 프리에지 조형 시 고객의 요구를 반영하는 자세</td></tr>
<tr><td>아크릴 원톤 스컬프처하기 (1201010407_16v3.02)</td><td colspan="3">2.1. 시술 매뉴얼에 따라 네일과 폼 사이에 틈이 없도록 폼을 끼워 줄 수 있다.
2.2. 고객의 손 상태에 따라 손 전체의 균형과 방향을 고려하여 폼을 끼울 수 있다.</td><td colspan="2">[지식]
• 네일 폼 적용방법
• 네일의 구조
• 시술 매뉴얼에 대한 이해
[기술]
• 네일 폼 적용 능력
• 네일 폼 제거 능력
[태도]
• 고객에게 불편함을 주지 않기 위한 노력
• 정확하고 바른 네일 폼 적용 노력</td></tr>
</table>

능력단위요소 (코드)	수행준거	지식 · 기술 · 태도
아크릴 프렌치 스컬프처하기 (1201010407_16v3.03)	3.2. 제품 사용법에 따라 아크릴릭 시술을 수행할 수 있다. 3.3. 시술 매뉴얼에 따라 모노머와 폴리머를 적절하게 혼합할 수 있다. 3.6. 고객의 요청에 따라 네일 위에 보강하거나 원톤 스컬프처, 내추럴 스캅춰, 프렌치 스컬프처, 디자인 스컬프처를 선택하여 시술할 수 있다.	[지식] • 네일의 구조 • 모노머의 특성에 대한 지식 • 모노머의 화학 반응에 대한 지식 • 시술 매뉴얼에 대한 이해 • 아크릴릭 전용 브러시 사용방법 • 아크릴릭 전용 브러시의 재질에 대한 지식 • 중합체의 특성에 대한 지식 • 폴리머의 특성에 대한 지식 [기술] • 모노머, 폴리머 분업능력 • 아크릴릭 시술 능력 • 인조 네일 모양 보정 능력 [태도] • 고객에게 불편함을 주지 않기 위한 노력 • 브러시를 정확하고 바르게 적용하려는 노력 • 제품의 안전한 사용을 위한 노력
풀커버 팁 작업하기 (1201010417_16v1.02)	2.1. 큐티클 부분 라인의 형태에 따라 풀커버 팁을 사전 조형할 수 있다. 2.2. 인조 네일 팁 접착제를 사용하여 공기가 들어가지 않도록 접착할 수 있다.	[지식] • 네일 접착제를 도포하는 지식 • 네일 접착제의 특성에 관한 지식 • 네일팁 구조에 따른 적용 지식 • 큐티클 부분 라인의 형태를 파악하여 사전 조형하는 지식 • 풀커버 팁 네일 크기를 적용할 수 있는 지식 [기술] • 네일 구조에 따라 풀커버 팁을 사전 조형할 수 있는 기술 • 네일 구조에 따라 풀커버 팁을 작업하는 기술 • 네일 접착제의 특성에 따라 활용할 수 있는 기술 • 풀커버 팁 접착에 따른 작업 기술 [태도] • 고객에게 불편함을 주지 않기 위한 노력 • 네일 제품에 대한 안전한 사용을 위한 노력 • 작업 완료 후 깨끗하고 청결하게 정리하는 노력 • 정확하고 바른 파일작업 태도 • 정확하고 청결한 마무리 태도

능력단위요소 (코드)	수행준거	지식 · 기술 · 태도
프렌치 팁 작업하기 (1201010417_ 16v1.03)	3.1. 자연 네일의 크기에 알맞은 프렌치 팁의 크기를 선택할 수 있다. 3.2. 네일 접착제를 사용하여 공기가 들어가지 않도록 프렌치 네일 팁을 접착할 수 있다. 3.3. 필러 파우더를 사용하여 인조 네일을 조형할 수 있다.	[지식] • 네일 구조에 따른 네일 팁 적용 지식 • 네일 프리에지 형태에 대한 지식 • 프렌치 팁의 종류에 대한 지식 [기술] • 네일 구조에 따라 프렌치 팁을 작업하는 기술 • 네일 구조에 따라 프렌치 팁을 사전 조형할 수 있는 기술 • 네일 접착제의 특성에 따라 활용할 수 있는 기술 • 프렌치 팁 접착에 따른 작업 기술 [태도] • 고객에게 불편함을 주지 않기 위한 노력 • 네일 제품의 안전한 사용을 위한 노력 • 정확하고 바른 파일작업 태도 • 정확하고 청결한 마무리 태도
내추럴팁 작업하기 (1201010417_ 16v1.04)	4.2. 네일의 상태에 따라 내추럴 팁을 사전 조형할 수 있다. 4.3. 인조 네일 팁 접착제를 사용하여 공기가 들어가지 않도록 접착할 수 있다. 4.4. 내추럴 팁의 팁 턱을 자연 네일의 손상 없이 제거할 수 있다. 4.5. 필러 파우더를 사용하여 내추럴 팁의 구조를 조형할 수 있다. 4.6. 인조 네일 구조 완성을 위하여 네일 파일을 선택하여 작업할 수 있다.	[지식] • 내추럴 팁 접착제 사용 방법에 대한 지식 • 내추럴 팁 종류에 대한 지식 • 네일 파일의 사용 방법에 대한 지식 • 네일 파일의 종류에 대한 지식 [기술] • 내추럴 팁 구조에 따라 사전 조형할 수 있는 기술 • 내추럴 팁 접착기술 • 네일 구조에 따라 내추럴 팁을 작업하는 기술 [태도] • 고객에게 불편함을 주지 않기 위한 노력 • 정확하고 바른 파일작업 태도 • 정확하고 청결한 마무리 태도 • 제품의 안전한 사용을 위한 노력

능력단위요소 (코드)	수행준거	지식 · 기술 · 태도
랩 네일 네일 팁 적용하기 (1201010419_ 16v3.01)	1.2. 고객의 취향에 따라 다양한 디자인 팁을 선택할 수 있다. 1.3. 자연 네일의 상태에 따라 접착제를 선택할 수 있다. 1.4. 손가락과 손톱 방향 상태에 따라 네일 팁을 부착할 수 있다. 1.5. 네일 팁의 종류에 따라 팁과 자연 네일의 단차를 제거할 수 있다.	[지식] • 네일 구조에 대한 지식 • 네일 접착제에 대한 지식 • 네일 팁에 대한 지식 • 디자인 팁 활용 지식 [기술] • 네일 구조에 대한 적용 능력 • 네일 접착제를 사용하여 작업하는 기술 • 네일 팁에 대한 능력 [태도] • 고객에게 불편함을 주지 않기 위한 노력 • 정확하고 바른 네일 팁 부착자세 • 제품의 안전한 사용을 위한 노력
네일랩 적용하기 (1201010419_ 16v3.02)	2.2. 인조 네일의 보강을 위하여 랩 화장물을 순서에 따라 적용할 수 있다. 2.3. 랩과 접착제의 경화를 위해 글루 경화 촉진제를 적용할 수 있다. 2.4. 팁 위드 랩 네일의 형태를 조형할 수 있다.	[지식] • 경화제에 대한 지식 • 랩에 대한 지식 • 오버레이에 대한 지식 • 접착제에 대한 지식 [기술] • 글루 경화 촉진제 적용 능력 • 네일 접착제를 사용하여 작업하는 기술 • 랩에 대한 적용 능력 • 오버레이 적용 능력 [태도] • 고객에게 불편함을 주지 않기 위한 노력 • 정확하고 바른 오버레이 자세 • 제품과 글루 경화 촉진제의 안전한 사용을 위한 노력
네일 파일 적용하기 (1201010419_ 16v3.03)	3.1. 팁 위드 랩 네일의 형태 완성을 위하여 네일 파일을 선택하여 작업할 수 있다. 3.2. 인조 네일의 견고함을 위하여 네일 구조에 맞춘 파일 작업을 할 수 있다. 3.3. 광택과 완성도를 위하여 순차적인 네일 파일을 선택하여 작업할 수 있다.	[지식] • 네일 구조에 대한 지식 • 네일 파일에 대한 지식 [기술] • 네일 파일 특성에 따른 사용 능력 • 파일작업 능력 [태도] • 고객에게 불편함을 주지 않기 위한 노력 • 정확하고 바른 네일 파일작업 자세 • 제품의 안전한 사용을 위한 노력

NCS기반 강의계획서

<table>
<tr><th>직무</th><th colspan="3">능력단위</th><th colspan="4">능력단위코드</th></tr>
<tr><td rowspan="4">04. 네일미용</td><td colspan="3">랩 네일</td><td colspan="4">1201010405_16v3</td></tr>
<tr><td colspan="3">아크릴 네일</td><td colspan="4">1201010407_16v3</td></tr>
<tr><td colspan="3">기초 팁 네일</td><td colspan="4">1201010417_16v1</td></tr>
<tr><td colspan="3">팁 위드 랩</td><td colspan="4">1201010419_16v3</td></tr>
<tr><th>교과목명</th><td>응용 네일미용</td><th>이수구분</th><td colspan="3">전선</td><th>담당교수</th><td></td></tr>
<tr><th>대상학과</th><td>뷰티약손미용과</td><th>학년 - 학기</th><td>1 - 2</td><th>학점</th><td>02</td><th>시수
(이론/실습)</th><td>3.00
(1/2.00)</td></tr>
<tr><th>교과목코드</th><td colspan="3">18281</td><th colspan="2">강의시간</th><td colspan="2">월 : 5,6,7</td></tr>
<tr><th>장소</th><td colspan="3"></td><th colspan="2">연구실</th><td colspan="2"></td></tr>
<tr><th>연락처</th><td colspan="3"></td><th colspan="2">이메일</th><td colspan="2"></td></tr>
<tr><th>교과목 개요</th><td colspan="7">네일 미용사로서 고객의 미적요구를 충족하기 위한 네일 미용 서비스로 고객의 외향적 특징과 트렌드 등을 반영하여 적합한 디자인을 설계하고 산업현장에서 기본이 되는 응용 네일을 학습한다. 또한 이에 필요한 NCS 능력단위의 수행준거를 기반으로 네일 팁, 네일 랩, 아크릴릭 네일의 능력을 익히고 실습한다.
본 교과는 1:1 개인 실습 중심의 교과목이며 응용 네일을 공부하기 위한 교과목이다. 미용사(네일) 자격증 취득에 필요한 네일 팁, 네일 랩, 아크릴릭 네일의 현장실무 활용을 위한 교과목으로 현장실무에 필요한 능력을 갖춰 줄 수 있다.</td></tr>
<tr><th>교육목표</th><td colspan="7">고객의 네일 보호와 미적 요구 충족을 위하여 네일 위에 전 처리, 래핑하기, 연장하기, 마무리하기를 할 수 있다. 또한, 네일 연장을 통한 고객의 네일 보호와 미적 요구 충족을 위하여 네일 위에 전 처리 후 폼과 아크릴릭을 적용하고 마무리할 수 있다.</td></tr>
<tr><th rowspan="3">교수 · 학습 방법</th><td colspan="7">a | b | c | d | e | f | g | h</td></tr>
<tr><td colspan="7">○ | ○ | | | | | |</td></tr>
<tr><td colspan="7">a. 이론강의, b. 실습, c.발표, d. 토론, e. 팀프로젝트, f. 캡스톤디자인,
g. 포트폴리오(학습자/교수자), h. 기타</td></tr>
<tr><th>기자재 및 매체</th><td colspan="7"></td></tr>
</table>

<table>
<tr><td rowspan="3">교재
(NCS 학습모듈)</td><td>주교재</td><td colspan="13">NCS학습모듈</td></tr>
<tr><td>부교재</td><td colspan="13">어드밴스드 네일</td></tr>
<tr><td>참고 교재</td><td colspan="13"></td></tr>
<tr><td rowspan="3">교수·학습
방법</td><td colspan="14">
<table><tr><td>a</td><td>b</td><td>c</td><td>d</td><td>e</td><td>f</td><td>g</td><td>h</td><td>i</td><td>j</td><td>k</td><td>l</td><td>m</td></tr>
<tr><td></td><td></td><td></td><td></td><td></td><td></td><td>○</td><td></td><td></td><td></td><td></td><td></td><td>○</td></tr></table>
</td></tr>
<tr><td colspan="14">a. 포트폴리오, b. 문제해결시나리오, c. 서술형 시험, d. 논술형 시험, e. 사례연구,
f. 평가자 질문, g. 평가자 체크리스트, h. 피평가자 체크리스트, i. 일지/저널,
j. 역할연기, k. 구두발표, l. 작업장 평가, m. 기타
※ 세부내용은 평가계획서에 기술됨</td></tr>
<tr><td colspan="15">직업기초능력 연계 정보</td></tr>
<tr><td>영역</td><td>하위영역</td><td colspan="13">수행준거</td></tr>
<tr><td rowspan="5">의사소통능력
(01)</td><td rowspan="5">의사소통능력</td><td colspan="13">의사소통의 개념과 중요성을 설명할 수 있다.</td></tr>
<tr><td colspan="13">의사소통의 종류를 설명할 수 있다.</td></tr>
<tr><td colspan="13">의사소통 저해요인을 제거할 수 있다.</td></tr>
<tr><td colspan="13">의사소통능력을 개발하기 위한 방법을 실천할 수 있다.</td></tr>
<tr><td colspan="13">기초 외국어 능력의 필요성을 설명할 수 있다.</td></tr>
<tr><td>성적분포</td><td colspan="14">A학점(A+ ~ A0) : 35% 이하, B학점 이상(A+ ~ B0) : 65% 이하</td></tr>
<tr><td>기타사항</td><td colspan="14"></td></tr>
</table>

관련능력단위요소	수행준거	지식 · 기술 · 태도
랩 연장하기 (1201010405_ 16v3.03)	3.1. 고객의 요청에 따라 프리에지의 길이를 연장 조형할 수 있다. 3.2. 필러파우더와 네일 접착제로 연장한 랩 네일의 두께를 조절할 수 있다. 3.3. 고객의 요청에 따라 연장된 랩 네일의 프리에지 형태를 조형할 수 있다. 3.4. 연장된 랩 네일의 표면을 인조 네일 구조에 맞춰 정리할 수 있다.	[지식] • 네일 접착제의 특성에 대한 지식 • 네일 랩 보강제의 특성에 대한 지식 • 네일 랩 제품의 특성에 대한 지식 • 인조 네일 구조에 대한 지식 • 인조 네일 파일 사용 방법의 이해 • 프리에지 모양 다듬는 방법의 이해 • 프리에지 모양의 이해 [기술] • 네일 접착제의 특성에 따른 사용 능력 • 네일 랩 보강제의 특성에 따른 사용 능력 • 네일 랩 제품의 특성에 따른 사용 능력 • 인조 네일 구조 파악 능력 • 인조 네일 표면 정리 능력 • 파일 사용 능력 • 프리에지 모양을 다듬는 능력 [태도] • 네일 길이 연장 시 고객의 요구를 반영하는 자세 • 랩 네일 연장 고객을 배려하는 자세 • 랩 네일 연장을 위한 바른 자세 • 프리에지 조형 시 고객의 요구를 반영하는 자세
아크릴 원톤 스컬프처하기 (1201010407_ 16v3.02)	2.1. 시술 매뉴얼에 따라 네일과 폼 사이에 틈이 없도록 폼을 끼워 줄 수 있다. 2.2. 고객의 손 상태에 따라 손 전체의 균형과 방향을 고려하여 폼을 끼울 수 있다.	[지식] • 네일 폼 적용방법 • 네일의 구조 • 시술 매뉴얼에 대한 이해 [기술] • 네일 폼 적용 능력 • 네일 폼 제거 능력 [태도] • 고객에게 불편함을 주지 않기 위한 노력 • 정확하고 바른 네일 폼 적용 노력
아크릴 프렌치 스컬프처하기 (1201010407_ 16v3.03)	3.2. 제품 사용법에 따라 아크릴릭 시술을 수행할 수 있다. 3.3. 시술 매뉴얼에 따라 모노머와 폴리머를 적절하게 혼합할 수 있다.	[지식] • 네일의 구조 • 모노머의 특성에 대한 지식 • 모노머의 화학 반응에 대한 지식 • 시술 매뉴얼에 대한 이해

관련능력단위요소	수행준거	지식 · 기술 · 태도
	3.6. 고객의 요청에 따라 네일 위에 보강하거나 원톤 스컬프처, 내추럴 스컬프처, 프렌치 스컬프처, 디자인스컬프처를 선택하여 시술할 수 있다.	• 아크릴릭 전용 브러시 사용방법 • 아크릴릭 전용 브러시의 재질에 대한 지식 • 중합체의 특성에 대한 지식 • 폴리머의 특성에 대한 지식 [기술] • 모노머, 폴리머 분업능력 • 아크릴릭 시술 능력 • 인조 네일 모양 보정 능력 [태도] • 고객에게 불편함을 주지 않기 위한 노력 • 브러시를 정확하고 바르게 적용하려는 노력 • 제품의 안전한 사용을 위한 노력
풀커버 팁 작업하기 (1201010417_16v1.02)	2.1. 큐티클 부분 라인의 형태에 따라 풀커버 팁을 사전 조형할 수 있다. 2.2. 인조 네일 팁 접착제를 사용하여 공기가 들어가지 않도록 접착할 수 있다.	[지식] • 네일 접착제를 도포하는 지식 • 네일 접착제의 특성에 관한 지식 • 네일 팁 구조에 따른 적용 지식 • 큐티클 부분 라인의 형태를 파악하여 사전 조형하는 지식 • 풀커버 팁 네일 크기를 적용할 수 있는 지식 [기술] • 네일 구조에 따라 풀커버 팁을 사전 조형할 수 있는 기술 • 네일 구조에 따라 풀커버 팁을 작업하는 기술 • 네일 접착제의 특성에 따라 활용할 수 있는 기술 • 풀커버팁 접착에 따른 작업 기술 [태도] • 고객에게 불편함을 주지 않기 위한 노력 • 네일 제품에 대한 안전한 사용을 위한 노력 • 작업 완료 후 깨끗하고 청결하게 정리하는 노력 • 정확하고 바른 파일작업 태도 • 정확하고 청결한 마무리 태도

관련능력단위요소	수행준거	지식·기술·태도
프렌치 팁 작업하기 (1201010417_16v1.03)	3.1. 자연 네일의 크기에 알맞은 프렌치 팁의 크기를 선택할 수 있다. 3.2. 네일 접착제를 사용하여 공기가 들어가지 않도록 프렌치 네일 팁을 접착할 수 있다. 3.3. 필러 파우더를 사용하여 인조 네일을 조형할 수 있다.	[지식] • 네일 구조에 따른 네일팁 적용 지식 • 네일 프리에지 형태에 대한 지식 • 프렌치 팁의 종류에 대한 지식 [기술] • 네일 구조에 따라 프렌치 팁을 작업하는 기술 • 네일 구조에 따라 프렌치 팁을 사전 조형할 수 있는 기술 • 네일 접착제의 특성에 따라 활용할 수 있는 기술 • 프렌치 팁 접착에 따른 작업 기술 [태도] • 고객에게 불편함을 주지 않기 위한 노력 • 네일 제품의 안전한 사용을 위한 노력 • 정확하고 바른 파일작업 태도 • 정확하고 청결한 마무리 태도
내추럴팁 작업하기 (1201010417_16v1.04)	4.2. 네일의 상태에 따라 내추럴 팁을 사전 조형할 수 있다. 4.3. 인조 네일 팁 접착제를 사용하여 공기가 들어가지 않도록 접착할 수 있다. 4.4. 내추럴 팁의 팁 턱을 자연 네일의 손상 없이 제거할 수 있다. 4.5. 필러 파우더를 사용하여 내추럴 팁의 구조를 조형할 수 있다. 4.6. 인조 네일 구조 완성을 위하여 네일 파일을 선택하여 작업할 수 있다.	[지식] • 내추럴 팁 접착제 사용 방법에 대한 지식 • 내추럴 팁 종류에 대한 지식 • 네일 파일의 사용 방법에 대한 지식 • 네일 파일의 종류에 대한 지식 [기술] • 내추럴 팁 구조에 따라 사전 조형할 수 있는 기술 • 내추럴 팁 접착기술 • 네일 구조에 따라 내추럴 팁을 작업하는 기술 • 네일 접착제의 특성에 따라 활용할 수 있는 기술 [태도] • 고객에게 불편함을 주지 않기 위한 노력 • 정확하고 바른 파일작업 태도 • 정확하고 청결한 마무리 태도 • 제품의 안전한 사용을 위한 노력

관련능력단위요소	수행준거	지식 · 기술 · 태도
랩 네일 네일 팁 적용하기 (1201010419_16v3.01)	1.2. 고객의 취향에 따라 다양한 디자인 팁을 선택 할 수 있다. 1.3. 자연 네일의 상태에 따라 접착제를 선택 할 수 있다. 1.4. 손가락과 손톱 방향 상태에 따라 네일 팁을 부착 할 수 있다. 1.5. 네일 팁의 종류에 따라 팁과 자연 네일의 단차를 제거 할 수 있다.	[지식] • 네일 구조에 대한 지식 • 네일 접착제에 대한 지식 • 네일 팁에 대한 지식 • 디자인 팁 활용 지식 [기술] • 네일 구조에 대한 적용 능력 • 네일 접착제를 사용하여 작업하는 기술 • 네일 팁에 대한 능력 [태도] • 고객에게 불편함을 주지 않기 위한 노력 • 정확하고 바른 네일 팁 부착자세 • 제품의 안전한 사용을 위한 노력
네일 랩 적용하기 (1201010419_16v3.02)	2.2. 인조 네일의 보강을 위하여 랩 화장물을 순서에 따라 적용할 수 있다. 2.3. 랩과 접착제의 경화를 위해 글루 경화 촉진제를 적용할 수 있다. 2.4. 팁 위드 랩 네일의 형태를 조형할 수 있다.	[지식] • 경화제에 대한 지식 • 랩에 대한 지식 • 오버레이에 대한 지식 • 접착제에 대한 지식 [기술] • 글루 경화 촉진제 적용 능력 • 네일 접착제를 사용하여 작업하는 기술 • 랩에 대한 적용 능력 • 오버레이 적용 능력 [태도] • 고객에게 불편함을 주지 않기 위한 노력 • 정확하고 바른 오버레이 자세 • 제품과 글루 경화 촉진제의 안전한 사용을 위한 노력
네일 파일 적용하기 (1201010419_16v3.03)	3.1. 팁 위드 랩 네일의 형태 완성을 위하여 네일 파일을 선택하여 작업할 수 있다. 3.2. 인조 네일의 견고함을 위하여 네일 구조에 맞춘 파일 작업을 할 수 있다. 3.3. 광택과 완성도를 위하여 순차작인 네일 파일을 선택하여 작업할 수 있다.	[지식] • 네일 구조에 대한 지식 • 네일 파일에 대한 지식 [기술] • 네일 파일 특성에 따른 사용 능력 • 파일작업 능력 [태도] • 고객에게 불편함을 주지 않기 위한 노력 • 정확하고 바른 네일 파일작업 자세 • 제품의 안전한 사용을 위한 노력

주차별 학습 내용

1주차 학습내용	
관련 능력단위요소(코드)	수행준거
풀커버 팁 작업하기 (1201010417_02.16v1)	2.1. 큐티클 부분 라인의 형태에 따라 풀커버 팁을 사전 조형할 수 있다. 2.2. 인조 네일 팁 접착제를 사용하여 공기가 들어가지 않도록 접착할 수 있다.
수업내용	진단평가 실시, 교과목의 수업목표와 개요 설명
수업 활동	오리엔테이션 진단평가 강의(이론 및 실습)
수업 방법/기자재 및 매체	빔 프로젝트, 책상, 의자, 네일 재료
2주차 학습내용	
관련 능력단위요소(코드)	수행준거
랩 연장하기 (1201010405_03.16v3)	3.3. 고객의 요청에 따라 연장된 랩 네일의 프리에지 형태를 조형할 수 있다.
	3.4. 연장된 랩 네일의 표면을 인조 네일 구조에 맞춰 정리 할 수 있다.
프렌치 팁 작업하기 (1201010417_03.16v1)	3.1. 자연 네일의 크기에 알맞은 프렌치 팁의 크기를 선택할 수 있다.
	3.2. 네일 접착제를 사용하여 공기가 들어가지 않도록 프렌치 네일 팁을 접착할 수 있다.
	3.3. 필러 파우더를 사용하여 인조 네일을 조형할 수 있다.
수업내용	네일 랩 연장 및 프렌치 팁 작업하기
수업 활동	강의(이론 및 실습)
수업 방법/기자재 및 매체	빔 프로젝트, 책상, 의자, 네일 재료
3주차 학습내용	
관련 능력단위요소(코드)	수행준거
내추럴 팁 작업하기 (1201010417_04.16v1)	4.2. 네일의 상태에 따라 내추럴 팁을 사전 조형할 수 있다.
	4.3. 인조 네일 팁 접착제를 사용하여 공기가 들어가지 않도록 접착할 수 있다.
	4.4. 내추럴 팁의 팁 턱을 자연 네일의 손상 없이 제거할 수 있다.
	4.5. 필러 파우더를 사용하여 내추럴 팁의 구조를 조형할 수 있다.
	4.6. 인조 네일 구조 완성을 위하여 네일 파일을 선택하여 작업할 수 있다.

<table>
<tr><th>수업내용</th><td>내추럴 팁 사용하여 연장하기</td></tr>
<tr><th>수업 활동</th><td>강의(이론 및 실습)</td></tr>
<tr><th>수업 방법/기자재 및 매체</th><td>빔 프로젝트, 책상, 의자, 네일 재료</td></tr>
<tr><th colspan="2">4주차 학습내용</th></tr>
<tr><th>관련 능력단위요소(코드)</th><th>수행준거</th></tr>
<tr><td rowspan="3">네일 랩 적용하기
(1201010419_02.16v3)</td><td>2.2. 인조 네일의 보강을 위하여 랩 화장물을 순서에 따라 적용할 수 있다.</td></tr>
<tr><td>2.3. 랩과 접착제의 경화를 위해 글루 경화 촉진제를 적용할 수 있다.</td></tr>
<tr><td>2.4. 팁 위드 랩 네일의 형태를 조형할 수 있다.</td></tr>
<tr><th>수업내용</th><td>내추럴 팁에 네일 랩 오버레이하기</td></tr>
<tr><th>수업 활동</th><td>강의(이론 및 실습)</td></tr>
<tr><th>수업 방법/기자재 및 매체</th><td>빔 프로젝트, 책상, 의자, 네일 재료</td></tr>
<tr><th colspan="2">5주차 학습내용</th></tr>
<tr><th>관련 능력단위요소(코드)</th><th>수행준거</th></tr>
<tr><td rowspan="2">풀커버 팁 작업하기
(1201010417_02.16v1)</td><td>2.1. 큐티클 부분 라인의 형태에 따라 풀커버 팁을 사전 조형할 수 있다.</td></tr>
<tr><td>2.2. 인조 네일 팁 접착제를 사용하여 공기가 들어가지 않도록 접착할 수 있다.</td></tr>
<tr><td rowspan="3">프렌치 팁 작업하기
(1201010417_03.16v1)</td><td>3.1. 자연 네일의 크기에 알맞은 프렌치 팁의 크기를 선택할 수 있다.</td></tr>
<tr><td>3.2. 네일 접착제를 사용하여 공기가 들어가지 않도록 프렌치 네일 팁을 접착할 수 있다.</td></tr>
<tr><td>3.3. 필러 파우더를 사용하여 인조 네일을 조형할 수 있다.</td></tr>
<tr><th>수업내용</th><td>프렌치 팁을 사용하여 연장하기</td></tr>
<tr><th>수업 활동</th><td>강의(이론 및 실습)</td></tr>
<tr><th>수업 방법/기자재 및 매체</th><td>빔 프로젝트, 책상, 의자, 네일 재료</td></tr>
<tr><th colspan="2">6주차 학습내용</th></tr>
<tr><th>관련 능력단위요소(코드)</th><th>수행준거</th></tr>
<tr><td rowspan="4">랩 네일 네일 팁 적용하기
(1201010419_01.16v3)</td><td>1.2. 고객의 취향에 따라 다양한 디자인 팁을 선택할 수 있다.</td></tr>
<tr><td>1.3. 자연 네일의 상태에 따라 접착제를 선택할 수 있다.</td></tr>
<tr><td>1.4. 손가락과 손톱 방향 상태에 따라 네일 팁을 부착할 수 있다.</td></tr>
<tr><td>1.5. 네일 팁의 종류에 따라 팁과 자연 네일의 단차를 제거할 수 있다.</td></tr>
</table>

수업내용	랩을 사용하여 네일 팁에 적용하기
수업 활동	강의(이론 및 실습)
수업 방법/기자재 및 매체	빔 프로젝트, 책상, 의자, 네일 재료
7주차 학습내용	
관련 능력단위요소 (코드)	**수행준거**
네일 파일 적용하기 (1201010419_03.16v3)	3.1. 팁 위드 랩 네일의 형태 완성을 위하여 네일 파일을 선택하여 작업할 수 있다.
	3.2. 인조 네일의 견고함을 위하여 네일 구조에 맞춘 파일 작업을 할 수 있다.
	3.3. 광택과 완성도를 위하여 순차작인 네일 파일을 선택하여 작업 할 수 있다.
수업내용	팁 위드 랩을 수행순서에 맞춰 작업하기
수업 활동	강의(이론 및 실습)
수업 방법/기자재 및 매체	빔 프로젝트, 책상, 의자, 네일 재료
8주차 학습내용	
관련 능력단위요소 (코드)	**수행준거**
랩 네일 네일 팁 적용하기 (1201010419_01.16v3)	1.5. 네일 팁의 종류에 따라 팁과 자연 네일의 단차를 제거 할 수 있다.
네일 랩 적용하기 (1201010419_02.16v3)	2.2. 인조 네일의 보강을 위하여 랩 화장물을 순서에 따라 적용할 수 있다.
네일 파일 적용하기 (1201010419_03.16v3)	3.2. 인조 네일의 견고함을 위하여 네일 구조에 맞춘 파일 작업을 할 수 있다.
수업내용	팁 위드 랩 완성하기
수업 활동	직무수행능력평가
수업 방법/기자재 및 매체	빔 프로젝트, 책상, 의자, 네일 재료
9주차 학습내용	
관련 능력단위요소 (코드)	**수행준거**
랩 연장하기 (1201010405_03.16v3)	3.1. 고객의 요청에 따라 프리에지의 길이를 연장 조형할 수 있다.
	3.2. 필러 파우더와 네일 접착제로 연장한 랩 네일의 두께를 조절 할 수 있다.
수업내용	네일 랩을 사용하여 네일의 길이를 연장하기
수업 활동	강의(이론 및 실습)
수업 방법/기자재 및 매체	빔 프로젝트, 책상, 의자, 네일 재료

10주차 학습내용	
관련 능력단위요소(코드)	**수행준거**
랩 연장하기 (1201010405_03.16v3)	3.3. 고객의 요청에 따라 연장된 랩 네일의 프리에지 형태를 조형할 수 있다.
	3.4. 연장된 랩 네일의 표면을 인조 네일 구조에 맞춰 정리 할 수 있다.
수업내용	네일 랩 익스텐션의 구조에 맞게 완성하기
수업 활동	강의(이론 및 실습)
수업 방법/기자재 및 매체	빔 프로젝트, 책상, 의자, 네일 재료

11주차 학습내용	
관련 능력단위요소 (코드)	**수행준거**
아크릴 원톤 스컬프처하기 (1201010407_02.16v3)	2.1. 시술 매뉴얼에 따라 네일과 폼 사이에 틈이 없도록 폼을 끼워 줄 수 있다.
	2.2. 고객의 손 상태에 따라 손 전체의 균형과 방향을 고려하여 폼을 끼울 수 있다.
수업내용	아크릴 원톤 스컬프처 수행하기
수업 활동	강의(이론 및 실습)
수업 방법/기자재 및 매체	빔 프로젝트, 책상, 의자, 네일 재료

12주차 학습내용	
관련 능력단위요소 (코드)	**수행준거**
아크릴 프렌치 스컬프처하기 (1201010407_03.16v3)	3.2. 제품 사용법에 따라 아크릴릭 시술을 수행할 수 있다.
수업내용	아크릴 원톤 스컬프처 완성하기
수업 활동	강의(이론 및 실습)
수업 방법/기자재 및 매체	빔 프로젝트, 책상, 의자, 네일 재료

13주차 학습내용	
관련 능력단위요소 (코드)	**수행준거**
아크릴 프렌치 스컬프처하기 (1201010407_03.16v3)	3.3. 시술 매뉴얼에 따라 모노머와 폴리머를 적절하게 혼합할 수 있다.
	3.6. 고객의 요청에 따라 네일 위에 보강하거나 원톤 스컬프처, 내추럴 스컬프처, 프렌치 스컬프처, 디자인 스컬프처를 선택하여 시술할 수 있다.
수업내용	아크릴 프렌치 스컬프처 수행하기
수업 활동	강의(이론 및 실습)
수업 방법/기자재 및 매체	빔 프로젝트, 책상, 의자, 네일 재료

14주차 학습내용	
관련 능력단위요소(코드)	**수행준거**
랩 연장하기 (1201010405_03.16v3)	3.3. 고객의 요청에 따라 연장된 랩 네일의 프리에지 형태를 조형할 수 있다.
	3.4. 연장된 랩 네일의 표면을 인조 네일 구조에 맞춰 정리 할 수 있다.
아크릴 원톤 스컬프처하기 (1201010407_02.16v3)	2.1. 시술 매뉴얼에 따라 네일과 폼 사이에 틈이 없도록 폼을 끼워 줄 수 있다.
아크릴 프렌치 스컬프처하기 (1201010407_03.16v3)	3.6. 고객의 요청에 따라 네일 위에 보강하거나 원톤 스컬프처, 내추럴 스컬프처, 프렌치 스컬프처, 디자인 스컬프처를 선택하여 시술할 수 있다.
프렌치 팁 작업하기 (1201010417_03.16v1)	3.1. 자연 네일의 크기에 알맞은 프렌치 팁의 크기를 선택할 수 있다.
	3.3. 필러 파우더를 사용하여 인조 네일을 조형할 수 있다.
내추럴 팁 작업하기 (1201010417_04.16v1)	4.4. 내추럴 팁의 팁 턱을 자연 네일의 손상 없이 제거할 수 있다.
랩 네일 네일 팁 적용하기 (1201010419_01.16v3)	1.5. 네일 팁의 종류에 따라 팁과 자연 네일의 단차를 제거할 수 있다.
네일 랩 적용하기 (1201010419_02.16v3)	2.2. 인조 네일의 보강을 위하여 랩 화장물을 순서에 따라 적용할 수 있다.
네일 파일 적용하기 (1201010419_03.16v3)	3.3. 광택과 완성도를 위하여 순차적인 네일 파일을 선택하여 작업할 수 있다.
수업내용	포트폴리오 작업하기
수업 활동	직무수행능력평가
수업 방법/기자재 및 매체	빔 프로젝트, 책상, 의자, 네일 재료
15주차 학습내용	
16주차 학습내용	
관련 능력단위요소 (코드)	**수행준거**
아크릴 원톤 스컬프처하기 (1201010407_02.16v3)	2.1. 시술 매뉴얼에 따라 네일과 폼 사이에 틈이 없도록 폼을 끼워 줄 수 있다.
아크릴 프렌치 스컬프처하기 (1201010407_03.16v3)	3.3. 시술 매뉴얼에 따라 모노머와 폴리머를 적절하게 혼합할 수 있다.
	3.6. 고객의 요청에 따라 네일 위에 보강하거나 원톤 스컬프처, 내추럴 스컬프처, 프렌치 스컬프처, 디자인 스컬프처를 선택하여 시술할 수 있다.
수업내용	아크릴 원톤 스캅춰 완성하기
수업 활동	진단평가 직무수행능력평가
수업 방법/기자재 및 매체	빔 프로젝트, 책상, 의자, 네일 재료

※ 비정규과정 : 심화 평가 / 향상 평가(재평가) 및 외부산업체 인사(현장전문가) 특강

실험 · 실습 계획서

교과목명		응용 네일미용	이수구분	전선	학점	02
대상학과		뷰티약손미용과	대상학년	1	시수 (이론/실습시간)	3.00 (1/2.00)
주	실험 · 실습 내용		사용기자재 및 물품		소모품 및 수량	
1	풀커버 팁 작업하기		빔 프로젝트, 책상, 의자		네일 재료	
2	네일 랩 연장 및 프렌치 팁 사용하여 네일의 길이 연장하기					
3	내추럴 팁 작업하기					
4	내추럴 팁 사용하여 네일의 길이 연장하기					
5	프렌치 팁을 사용하여 네일의 길이 연장하기					
6	네일 랩을 사용하여 네일 팁에 적용하기					
7	팁 위드 랩을 수행순서에 맞춰 작업하기					
8	팁 위드 랩 완성하기					
9	네일 랩을 사용하여 네일의 길이를 연장하기					
10	네일 랩 익스텐션의 구조에 맞게 완성하기					
11	아크릴 원톤 스컬프처 수행하기					
12	아크릴 원톤 스컬프처 완성하기					
13	아크릴 프렌치 스컬프처 수행하기					
14	포트폴리오 작업하기					
15	아크릴 원톤 스컬프처 완성하기					
16						

평가 계획서

<table>
<tr><th>교과목명</th><td>응용 네일미용</td><th>담당교수</th><td colspan="2">고정민</td></tr>
<tr><th rowspan="7">관련 직무명</th><td rowspan="7">04. 네일미용</td><th rowspan="7">능력단위명
(능력단위코드)</th><td colspan="2">네일 랩 (1201010405_16v3)</td></tr>
<tr><td colspan="2">랩 네일 (1201010405_16v3)</td></tr>
<tr><td colspan="2">아크릴릭 네일(1201010407_16v3)</td></tr>
<tr><td colspan="2">아크릴 네일 (1201010407_16v3)</td></tr>
<tr><td colspan="2">기초 팁 네일 (1201010417_16v1)</td></tr>
<tr><td colspan="2">팁 위드 파우더 (1201010417_16v1)</td></tr>
<tr><td colspan="2">팁 위드 랩 (1201010419_16v3)</td></tr>
<tr><th rowspan="7">평가개요</th><th>구분</th><th>배점</th><th colspan="2">평가 개요</th></tr>
<tr><td>진단평가 1</td><td>-</td><td colspan="2">학습자가 현재의 직무를 수행하는 데 필요한 사전 지식을 평가한다.</td></tr>
<tr><td>진단평가 2</td><td>-</td><td colspan="2">학습자가 현재의 직무를 수행하는 데 필요한 사후 지식을 평가한다.</td></tr>
<tr><td>출석평가</td><td>20%</td><td colspan="2">학교규정에 준한다.</td></tr>
<tr><td>직무수행능력평가 1</td><td>30%</td><td colspan="2">NCS 능력단위의 수행준거를 기반으로 팁 위드 랩 네일을 배우고 테크닉을 숙련한다.</td></tr>
<tr><td>직무수행능력평가 2</td><td>20%</td><td colspan="2">NCS 능력단위의 수행준거를 기반으로 랩 네일, 아크릴 네일, 팁 네일, 팁 위드 랩 네일을 배우고 테크닉을 숙련한다.</td></tr>
<tr><td>직무수행능력평가 3</td><td>30%</td><td colspan="2">NCS 능력단위의 수행준거를 기반으로 아크릴 네일을 배우고 테크닉을 숙련한다.</td></tr>
<tr><th>평가항목</th><th colspan="4">평가내용 및 방법</th></tr>
<tr><th>진단평가 1</th><td colspan="4">• 평가내용 : 랩 네일, 아크릴 네일, 기초 팁 네일, 팁 위드 랩
• 평가시기 : 1주차
• 영역별 평가내용</td></tr>
</table>

<table>
<tr><th rowspan="2">영역
(능력단위 요소)</th><th rowspan="2">진단문항</th><th colspan="3">자가진단</th></tr>
<tr><th>높음</th><th>보통</th><th>낮음</th></tr>
<tr><td rowspan="4">랩 연장하기</td><td>3.1. 고객의 요청에 따라 프리에지의 길이를 연장 조형할 수 있다.</td><td></td><td></td><td></td></tr>
<tr><td>3.2. 필러 파우더와 네일 접착제로 연장한 랩 네일의 두께를 조절할 수 있다.</td><td></td><td></td><td></td></tr>
<tr><td>3.3. 고객의 요청에 따라 연장된 랩 네일의 프리에지 형태를 조형할 수 있다.</td><td></td><td></td><td></td></tr>
<tr><td>3.4. 연장된 랩 네일의 표면을 인조 네일 구조에 맞춰 정리할 수 있다.</td><td></td><td></td><td></td></tr>
</table>

진단평가 1	영역 (능력단위 요소)	진단문항	자가진단		
			높음	보통	낮음
	아크릴 원톤 스컬프처하기	2.1. 시술 매뉴얼에 따라 네일과 폼 사이에 틈이 없도록 폼을 끼워 줄 수 있다.			
		2.2. 고객의 손 상태에 따라 손 전체의 균형과 방향을 고려하여 폼을 끼울 수 있다.			
	아크릴 프렌치 스컬프처하기	3.2. 제품 사용법에 따라 아크릴릭 시술을 수행할 수 있다.			
		3.3. 시술 매뉴얼에 따라 모노머와 폴리머를 적절하게 혼합할 수 있다.			
		3.6. 고객의 요청에 따라 네일 위에 보강하거나 원톤 스컬프처, 내추럴 스컬프처, 프렌치 스컬프처, 디자인 스컬프처를 선택하여 시술할 수 있다.			
	풀커버 팁 작업하기	2.1. 큐티클 부분 라인의 형태에 따라 풀커버 팁을 사전 조형할 수 있다.			
		2.2. 인조 네일 팁 접착제를 사용하여 공기가 들어가지 않도록 접착할 수 있다.			
	프렌치 팁 작업하기	3.1. 자연 네일의 크기에 알맞은 프렌치 팁의 크기를 선택할 수 있다.			
		3.2. 네일 접착제를 사용하여 공기가 들어가지 않도록 프렌치 네일 팁을 접착할 수 있다.			
		3.3. 필러 파우더를 사용하여 인조 네일을 조형할 수 있다.			
	내추럴 팁 작업하기	4.2 네일의 상태에 따라 내추럴 팁을 사전 조형할 수 있다.			
		4.3. 인조 네일 팁 접착제를 사용하여 공기가 들어가지 않도록 접착할 수 있다.			
		4.4. 내추럴팁의 팁 턱을 자연 네일의 손상 없이 제거할 수 있다.			
		4.5. 필러 파우더를 사용하여 내추럴 팁의 구조를 조형할 수 있다.			
		4.6. 인조 네일 구조 완성을 위하여 네일 파일을 선택하여 작업할 수 있다.			
	랩 네일 네일팁 적용하기	1.2. 고객의 취향에 따라 다양한 디자인 팁을 선택할 수 있다.			
		1.3. 자연 네일의 상태에 따라 접착제를 선택할 수 있다.			
		1.4. 손가락과 손톱 방향 상태에 따라 네일 팁을 부착 할 수 있다.			
		1.5. 네일 팁의 종류에 따라 팁과 자연 네일의 단차를 제거할 수 있다.			
	네일랩 적용하기	2.2. 인조 네일의 보강을 위하여 랩 화장물을 순서에 따라 적용할 수 있다.			
		2.3. 랩과 접착제의 경화를 위해 글루 경화 촉진제를 적용할 수 있다.			
		2.4. 팁 위드 랩 네일의 형태를 조형할 수 있다.			
	네일 파일 적용하기	3.1. 팁 위드 랩 네일의 형태 완성을 위하여 네일 파일을 선택하여 작업할 수 있다.			
		3.2. 인조 네일의 견고힘을 위하여 네일 구조에 맞춘 파일 작업을 할 수 있다.			
		3.3. 광택과 완성도를 위하여 순차적인 네일 파일을 선택하여 작업할 수 있다.			

<table>
<tr><td>진단평가 1</td><td>• 평가방법 : 자가진단 체크리스트
• 평가 시 고려사항 : 학습자가 수업 전에 하는 평가로 직무를 수행하기 위하여 수행준거를 얼마나 인지하고 있는지를 파악한다.
• 평가 결과 활용 계획 : 교수 수업 방법 및 평가에 활용한다.</td></tr>
<tr><td>진단평가 2</td><td>• 평가내용 : 랩 네일, 아크릴 네일, 기초 팁 네일, 팁 위드 랩
• 평가시기 : 16주차
• 평가방법 : 자가진단 체크리스트
• 평가 시 고려사항 : 학습자가 수업 후에 하는 평가로 직무를 수행하기 위하여 수행준거를 얼마나 인지하였는지를 파악한다.
• 평가 결과 활용 계획 : 교수 수업 방법 및 평가에 활용한다.</td></tr>
<tr><td>출석평가</td><td>매주 수업의 출결을 확인한다</td></tr>
<tr><td>직무능력평가 1</td><td>• 평가내용 : 팁 위드 랩 과정의 학습내용을 수행할 수 있는지를 평가한다.
• 평가시기 : 8주차
• 영역별 평가내용
<table>
<tr><th colspan="3">능력단위요소 및 수행준거</th></tr>
<tr><td colspan="2">랩 네일 네일 팁 적용하기</td><td>10</td></tr>
<tr><td>수행준거</td><td>1.5. 네일 팁의 종류에 따라 팁과 자연 네일의 단차를 제거할 수 있다.</td><td>10.0</td></tr>
<tr><td colspan="2">네일 랩 적용하기</td><td>10</td></tr>
<tr><td>수행준거</td><td>2.2. 인조 네일의 보강을 위하여 랩 화장물을 순서에 따라 적용할 수 있다.</td><td>10.0</td></tr>
<tr><td colspan="2">네일 파일 적용하기</td><td>10</td></tr>
<tr><td>수행준거</td><td>3.2. 인조 네일의 견고함을 위하여 네일 구조에 맞춘 파일 작업을 할 수 있다.</td><td>10.0</td></tr>
<tr><td colspan="2">계</td><td>30</td></tr>
</table>
• 평가방법 : 평가자 체크리스트
• 평가 시 고려사항 : 학습내용을 수행준거별로 이해하였는가를 평가한다.</td></tr>
<tr><td>직무능력평가 2</td><td>• 평가내용 : 랩네일, 아크릴 네일, 팁 네일, 팁 위드 랩 네일의 과정을 수행할 수 있는지를 평가한다.
• 평가시기 : 14주차
• 영역별 평가내용
<table>
<tr><th colspan="3">능력단위요소 및 수행준거</th></tr>
<tr><td colspan="2">랩 연장하기</td><td>4</td></tr>
<tr><td rowspan="2">수행준거</td><td>3.3. 고객의 요청에 따라 연장된 랩 네일의 프리에지 형태를 조형할 수 있다.</td><td>2.0</td></tr>
<tr><td>3.4. 연장된 랩 네일의 표면을 인조 네일 구조에 맞춰 정리할 수 있다.</td><td>2.0</td></tr>
<tr><td colspan="2">아크릴 원톤 스컬프처하기</td><td>2</td></tr>
<tr><td>수행준거</td><td>2.1. 시술 매뉴얼에 따라 네일과 폼 사이에 틈이 없도록 폼을 끼워 줄 수 있다.</td><td>2.0</td></tr>
</table>
</td></tr>
</table>

진단평가 2

능력단위요소 및 수행준거		
아크릴 프렌치 스컬프처하기		2
수행준거	3.6. 고객의 요청에 따라 네일 위에 보강하거나 원톤 스컬프처, 내추럴 스컬프처, 프렌치 스컬프처, 디자인 스컬프처를 선택하여 시술할 수 있다.	2.0
프렌치 팁 작업하기		4
수행준거	3.1. 자연 네일의 크기에 알맞은 프렌치 팁의 크기를 선택할 수 있다.	2.0
	3.3. 필러 파우더를 사용하여 인조 네일을 조형할 수 있다.	2.0
내추럴 팁 작업하기		2
수행준거	4.4. 내추럴팁의 팁 턱을 자연 네일의 손상 없이 제거할 수 있다.	2.0
랩 네일 네일 팁 적용하기		2
수행준거	1.5. 네일 팁의 종류에 따라 팁과 자연 네일의 단차를 제거 할 수 있다.	2.0
네일 랩 적용하기		2
수행준거	2.2. 인조 네일의 보강을 위하여 랩 화장물을 순서에 따라 적용할 수 있다.	2.0
네일 파일 적용하기		2
수행준거	3.3. 광택과 완성도를 위하여 순차적인 네일 파일을 선택하여 작업할 수 있다.	2.0
계		20

- 평가방법 : 기타
- 평가 시 고려사항 : 학습내용을 수행준거별로 이해하였는가를 평가한다.

직무능력평가 3

- 평가내용 : 아크릴 네일 과정의 학습내용을 수행할 수 있는지를 평가한다
- 평가시기 : 16주차
- 영역별 평가내용

능력단위요소 및 수행준거		
아크릴 원톤 스컬프처하기		10
수행준거	2.1. 시술 매뉴얼에 따라 네일과 폼 사이에 틈이 없도록 폼을 끼워 줄 수 있다.	10.0
아크릴 프렌치 스컬프처하기		20
수행준거	3.3. 시술 매뉴얼에 따라 모노머와 폴리머를 적절하게 혼합할 수 있다.	10.0
	3.6. 고객의 요청에 따라 네일 위에 보강하거나 원톤 스컬프처, 내추럴 스컬프처, 프렌치 스컬프처, 디자인 스컬프처를 선택하여 시술할 수 있다.	10.0
계		30

- 평가방법 : 기타
- 평가 시 고려사항 : 학습내용을 수행준거별로 이해하였는가를 평가한다.

향상/심화계획

직무능력평가 60점 이하 해당자에 한하여 향상교육을 실시한다.

01

CHAPTER

기초 팁 네일

1201010417_16v1

01 기초 팁 네일

1201010417_16v1

1 프렌치 팁(French Tip)

1 정의

프렌치 팁은 팁에 다양한 컬러가 입혀져 있어 원하는 컬러를 선택하여 길이를 연장할 수 있으며 완성 후 컬러링 없이 스타일을 연출할 수 있는 시술 방법이다.

2 사전 준비

① 테이블을 소독한다.

② 테이블 위에 흰색 타월을 깔고, 그 위에 페이퍼 타월을 준비한다.

③ 네일 재료들을 바구니에 정리한다.

④ 위생 봉지를 테이블 한쪽에 붙인다.

3 재료 및 도구

프렌치 팁, 클리퍼, 팁 커터기, 글루, 젤 글루, 필러 파우더, 글루 드라이, 파일, 광파일, 샌딩 파일, 우드 파일, 오렌지 우드스틱, 더스트 브러시, 큐티클 오일, 디자인 패드

4 수행순서

프리퍼레이션preparation (자연 네일의 준비)

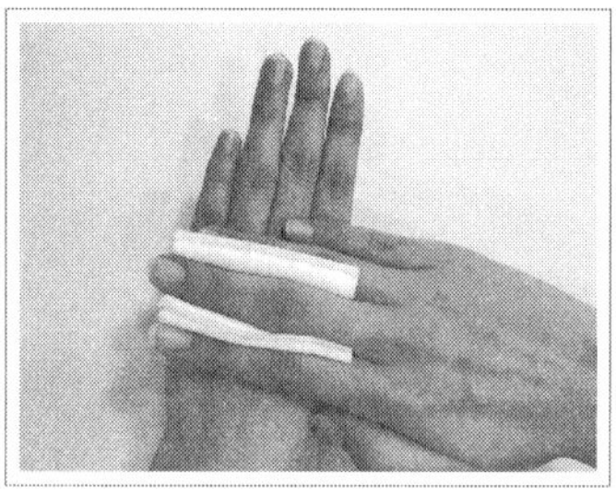

01

시술자 손 소독하기

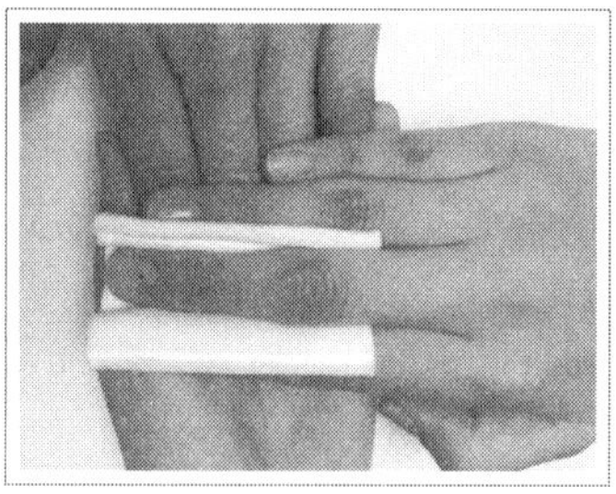

02

고객 손 소독하기

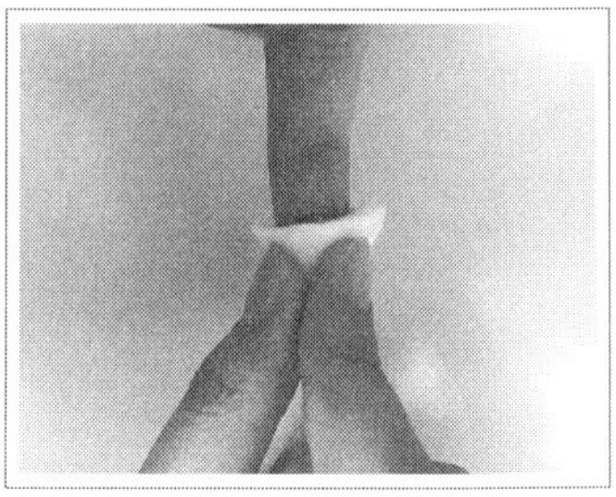

03

네일 폴리시 제거하기

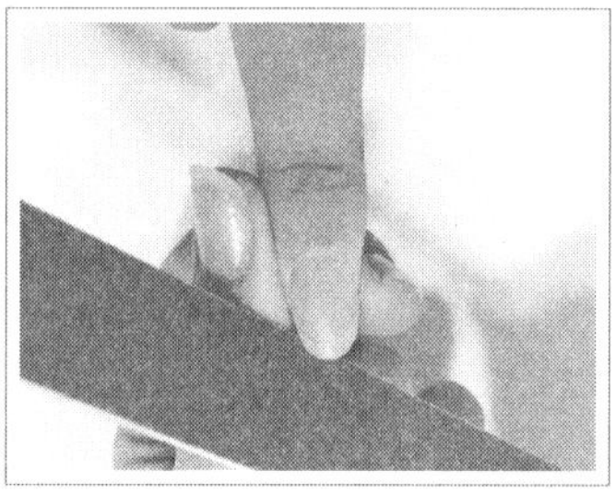

04

네일 길이 및 모양 잡기

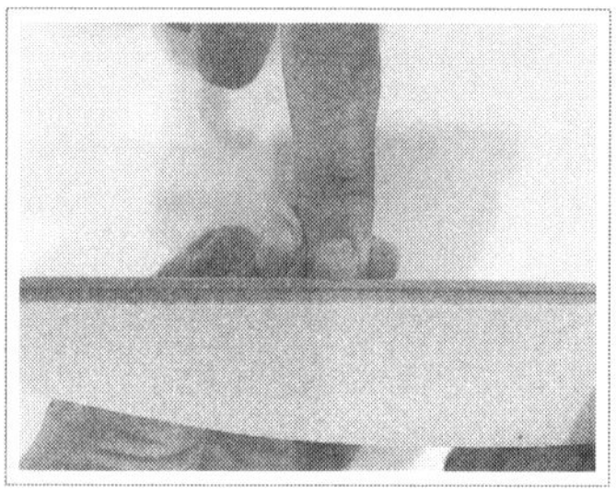

05

표면 샌딩하기

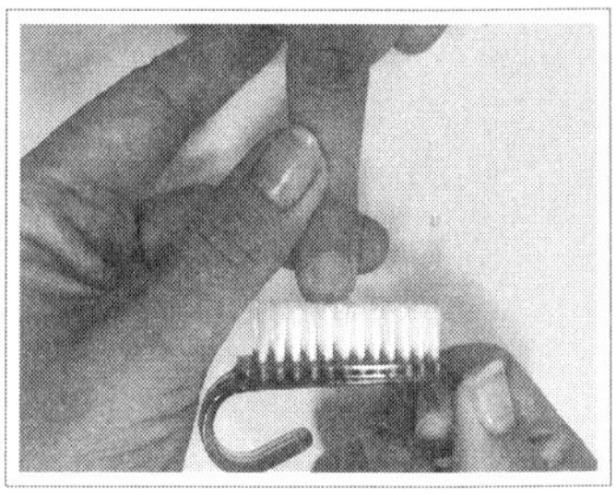

06

분진 제거하기

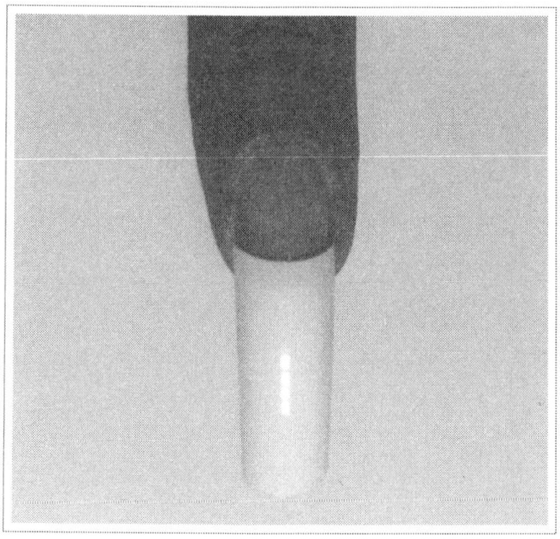

07

팁 접착하기

글루나 젤 글루를 웰에 충분히 바른 다음 웰의 정지선에서 45° 정도의 각도로 천천히 접착시키면 공기 방울이 들어가는 것을 예방할 수 있다.
글루 드라이를 분사하고 길이를 조절한다.

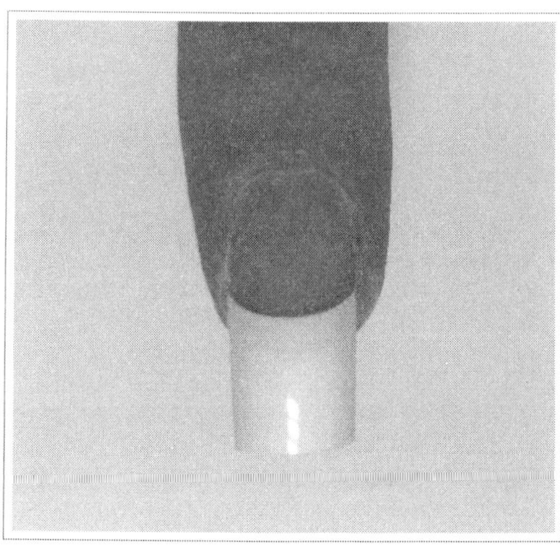

08

길이 조절하기

팁과 팁 커터가 90°가 되도록 맞춰 원하는 길이보다 조금 길게 잘라낸다. 네일 파일을 사용하여 스퀘어 모양을 만든다.

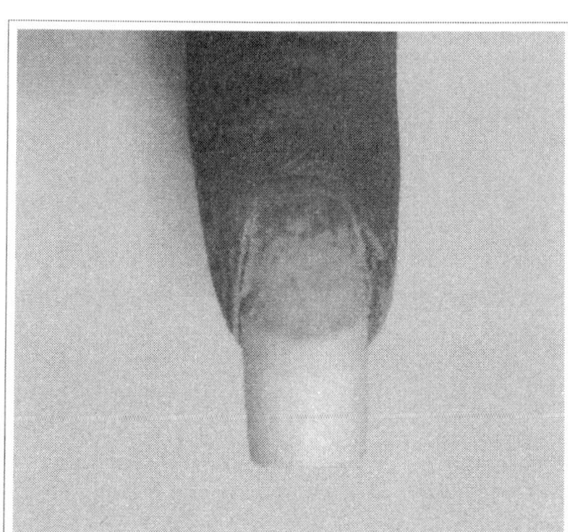

09

글루, 필러 파우더 사용하기

글루를 팁 턱 부분에 도포하거나 프렌치 라인의 컬러를 보호하기 위해 네일 전체에 글루를 도포한다.
필러 파우더를 2~3회 반복 사용하여 팁 표면의 볼륨을 만들어 준다.

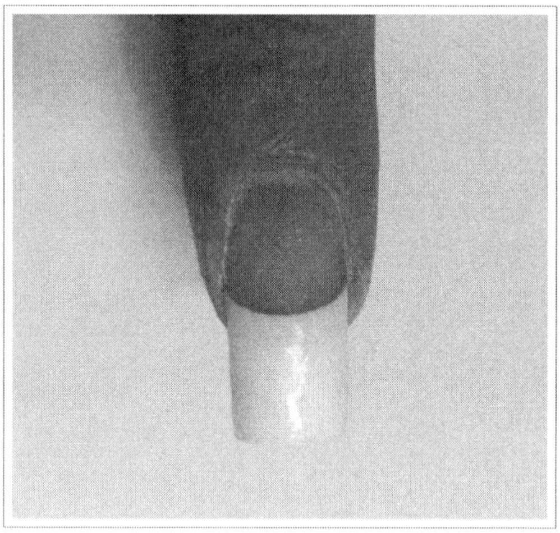

10

글루 바르기

필러 파우더를 충분히 흡수하도록 네일 글루를 도포한다. 팁의 표면 상태에 따라 2~3회 반복 사용하여 표면을 메꿔 준다.
글루의 양이 많을 경우 페이퍼 타월로 글루를 스며들게 하여 덜어 낸다.

11

표면 파일링하기

100grit 의 거친 파일을 사용하여 길이와 모양을 만들고 150→180grit으로 두께와 하이포인트를 살려 표면을 매끄럽게 갈아 준다.

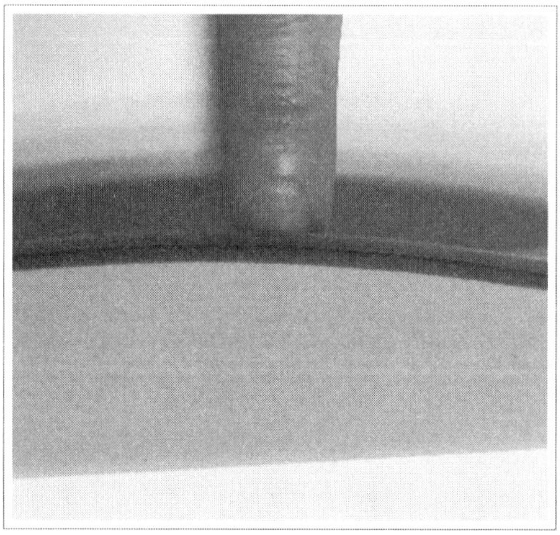

12

표면 정리하기

샌딩 파일을 사용하여 매끄럽게 정리한다.

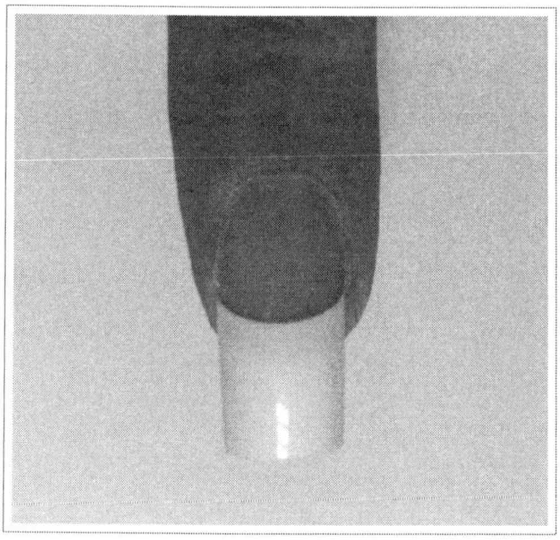

13

글루 바르기

피부에 닿지 않도록 적당량 고르게 바른다.

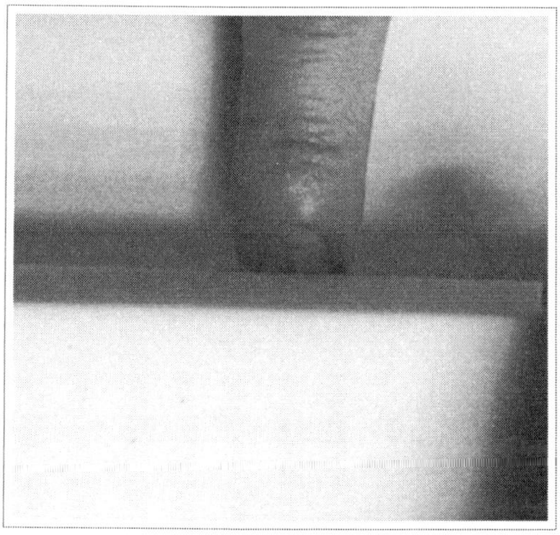

14

표면 정리하기

샌딩 블럭을 사용하여 매끄럽게 정리한다.

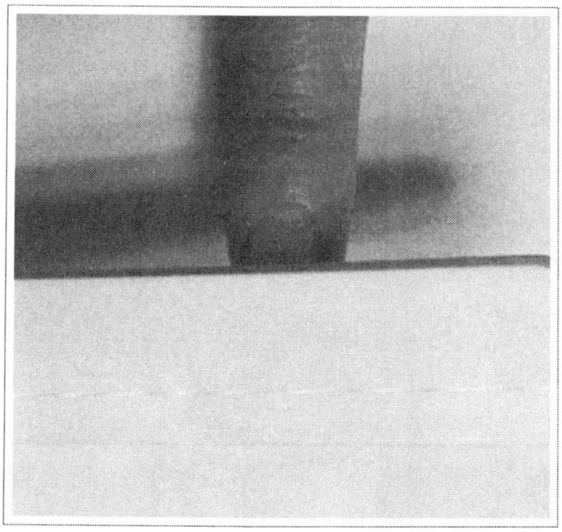

15

광택 내기

광택용 파일을 사용하여 네일의 표면에 광택을 낸다.

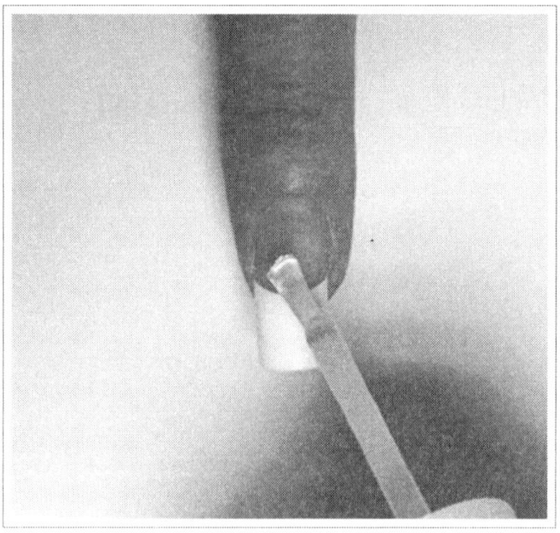

16

큐티클 오일 바르기

큐티클 부분에 큐티클 오일을 소량만 바르고 페이퍼 타월로 문질러 닦아 준다.

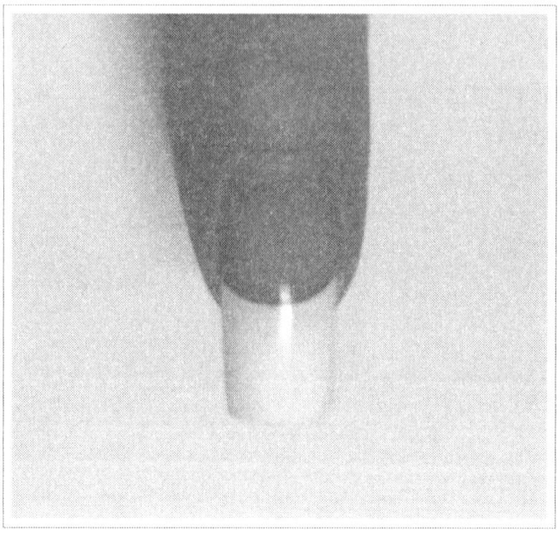

17

완성하기

2 파우더 팁(Powder Tip)

1 정의

네일 팁을 접착하고 좀 더 보강하는 의미로 글루와 필러 파우더를 사용하여 손톱의 길이를 연장하고 견고하게 만들어 주는 시술 방법이다.

2 사전 준비

① 테이블을 소독한다.

② 테이블 위에 흰색 타월을 깔고 그 위에 페이퍼 타월을 준비한다.

③ 네일 재료들을 바구니에 정리한다.

④ 위생 봉지를 테이블 한쪽에 붙인다.

3 재료 및 도구

레귤러 팁, 클리퍼, 팁 커터기, 글루, 젤 글루, 필러 파우더, 글루 드라이, 파일, 광파일, 샌딩 파일, 우드 파일, 오렌지 우드스틱, 더스트 브러시, 큐티클 오일, 디자인 패드

4 시술순서

프레퍼레이션preparation (자연 네일의 준비)

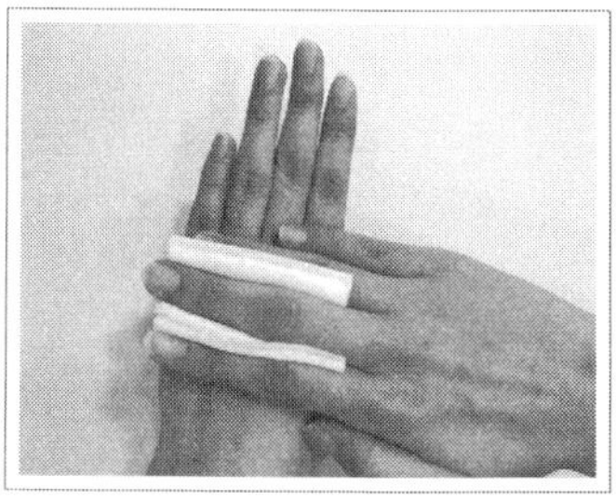

01

시술자 손 소독하기

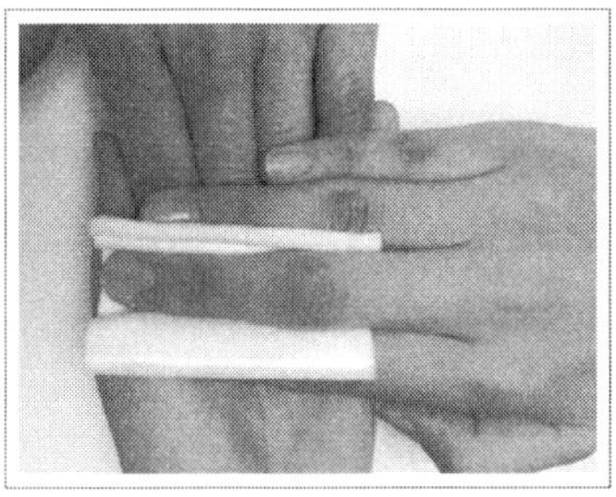

02

고객 손 소독하기

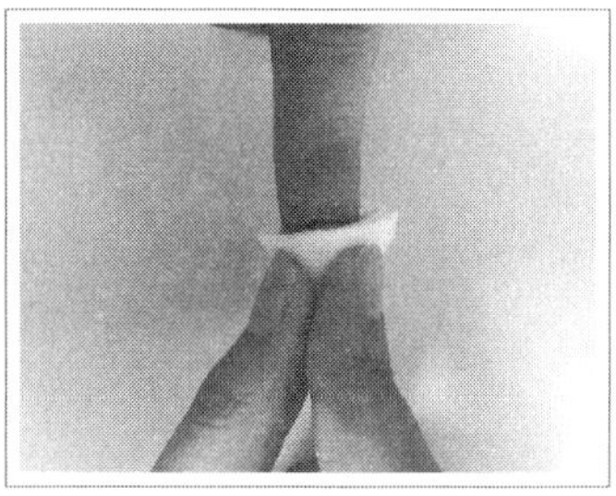

03

네일 폴리시 제거하기

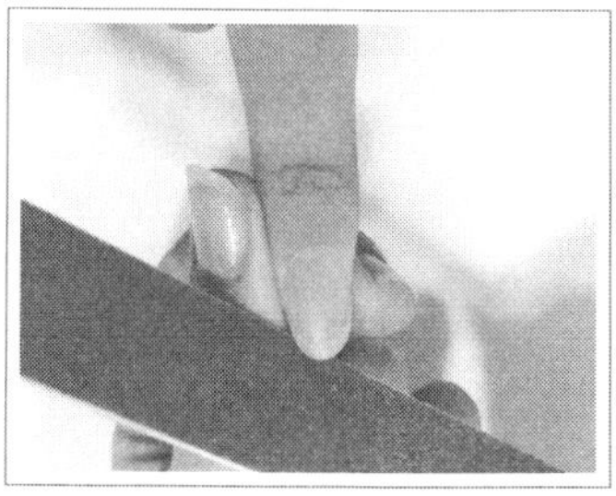

04

네일 길이 및 모양 잡기

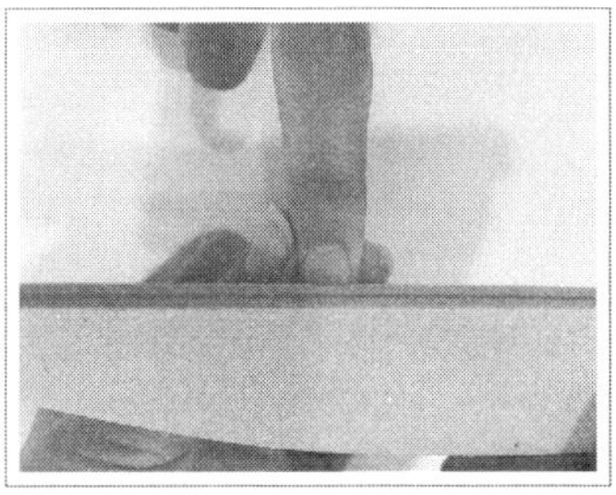

05

표면 샌딩하기

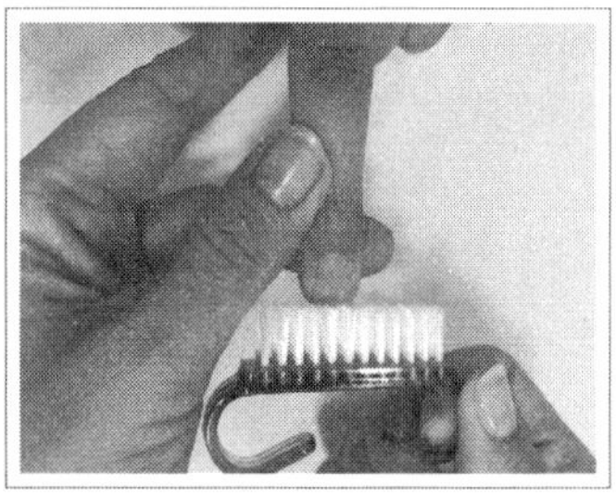

06

분진 제거하기

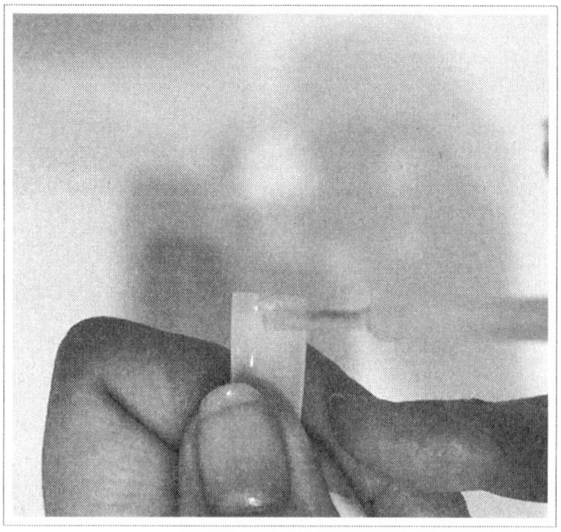

07

글루 바르기

네일 팁을 선택하고 팁 웰 부분에 글루를 바른다.

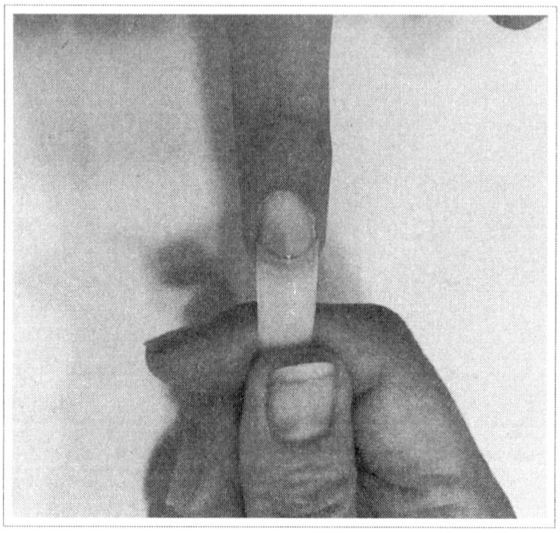

08

네일 팁 접착하기

웰 부분에 글루를 바르고 프렌치 팁을 45° 각도로 밀착하여 접착한다.

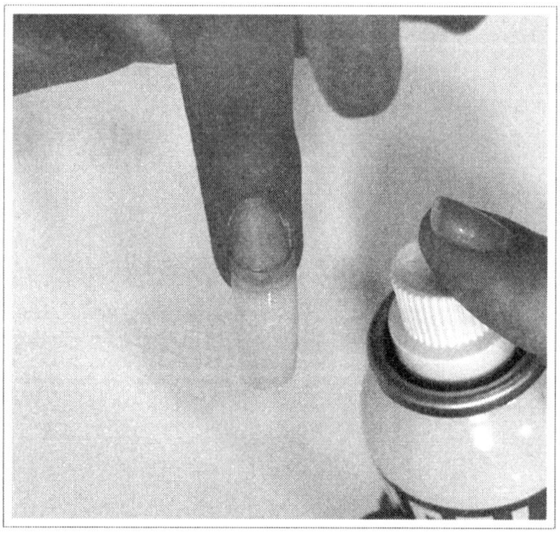

09

글루 드라이 분사하기

글루 드라이는 10cm 이상의 거리에서 약하게 분사하여 고정시킨다.

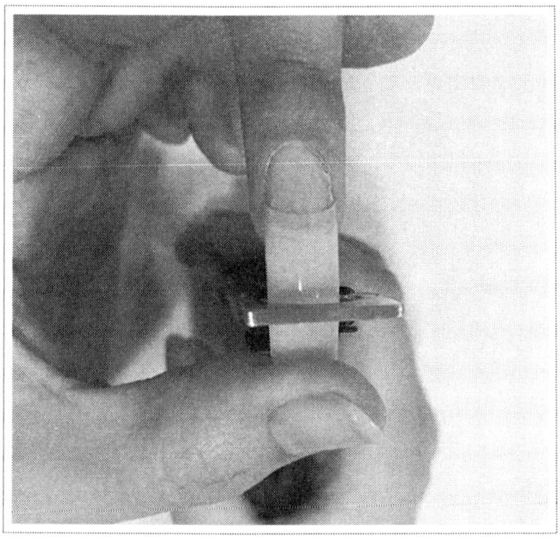

10

길이 조절하기

팁과 팁 커터가 90°가 되도록 맞춰 원하는 길이보다 조금 길게 잘라낸다. 네일 파일을 사용하여 스퀘어 모양을 만든다.

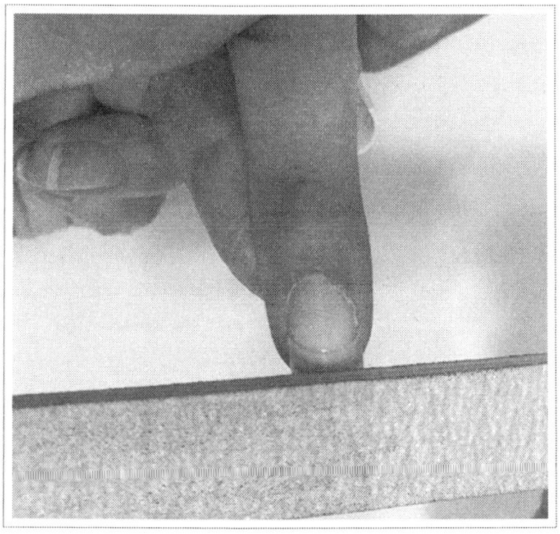

11

네일 팁 턱 제거하기

자연 네일과 매끄럽게 연결되도록 네일 팁 턱을 제거한다.

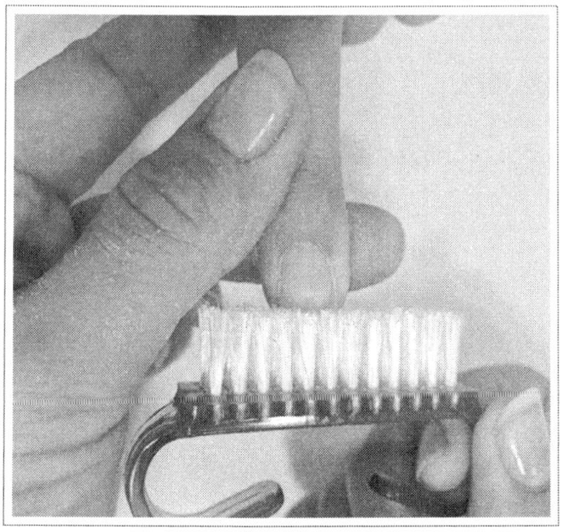

12

분진 제거하기

더스트 브러시를 사용하여 분진을 제거한다.

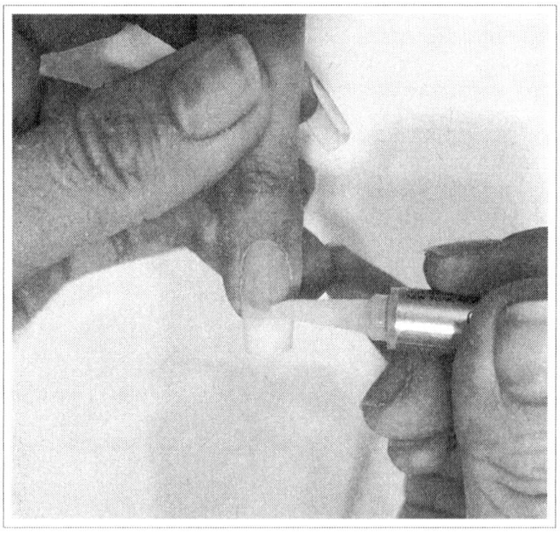

13

글루 바르기

네일 전체에 글루를 꼼꼼하게 바른다.

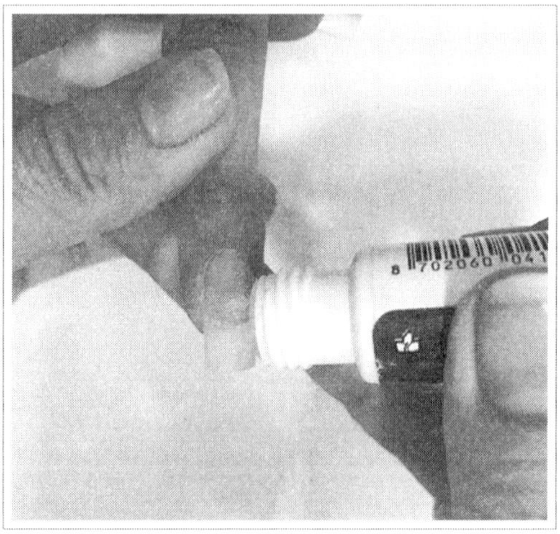

14

필러 파우더 뿌리기

필러 파우더를 네일 팁 턱 제거 부분에 집중적으로 뿌려주고 위아래가 자연스럽게 그라데이션될 수 있도록 한다. 오렌지 우드 스틱으로 주변에 묻은 필러 파우더를 정리한다.

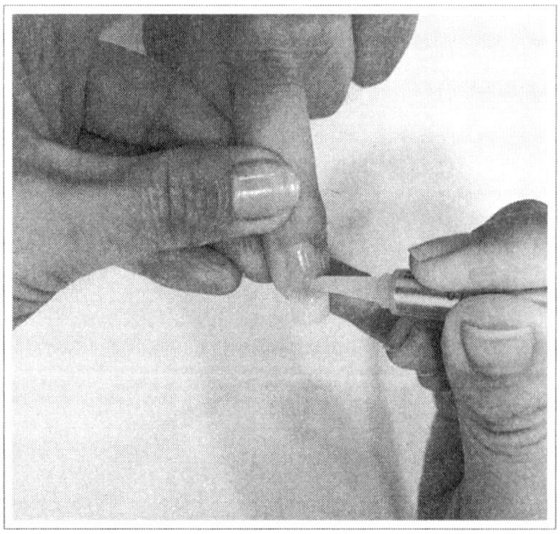

15

글루 바르기

글루가 필러 파우더에 스며들 수 있도록 바른다.

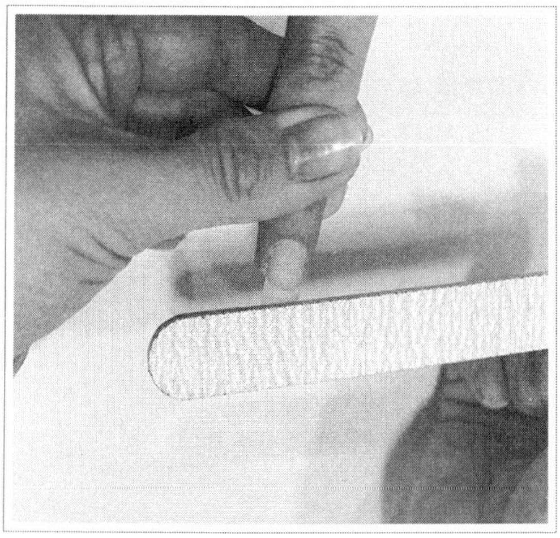

16

표면 정리하기

파일로 표면을 정리한다.

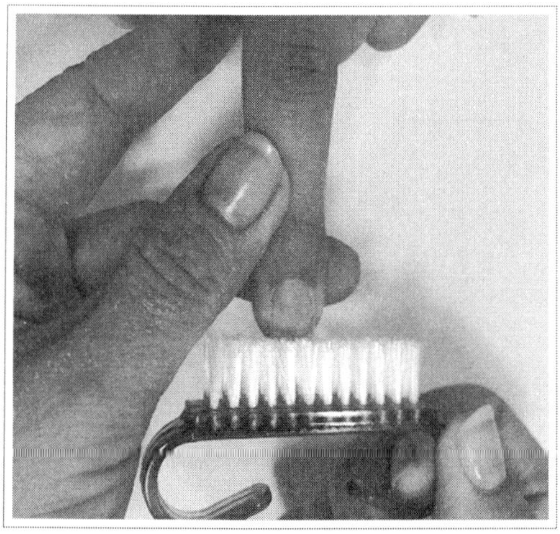

17

분진 제거하기

더스트 브러시를 사용하여 분진을 제거한다.

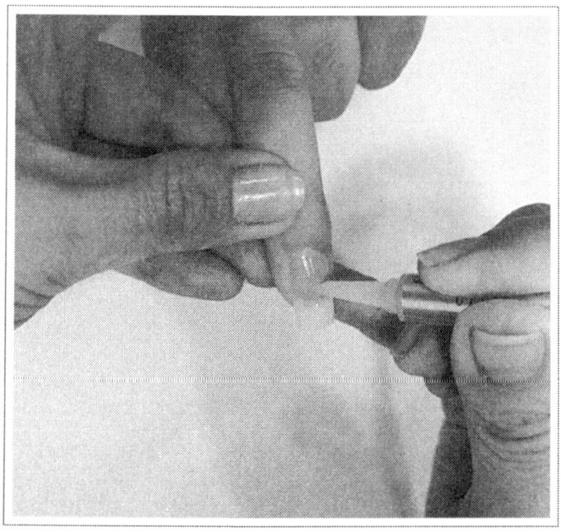

18

글루 바르기

글루를 도포하여 파일링으로 인한 표면의 스크레치를 메워 준다.

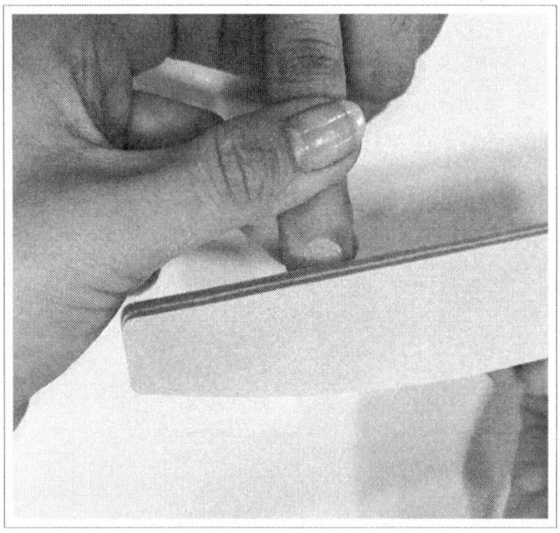

19

표면 정리하기

샌딩 파일을 사용하여 네일 표면을 매끄럽게 정리한다.

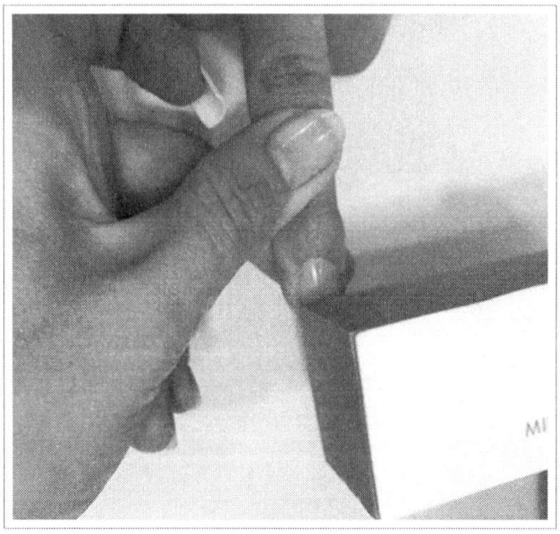

20

광택 내기

광택용 파일을 사용하여 네일의 표면에 광택을 낸다.

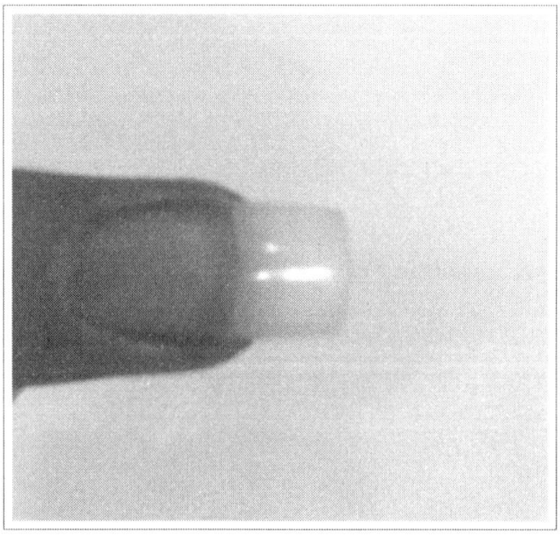

21

완성하기

02

CHAPTER

팁 위드 랩

1201010419_16v3

02
팁 위드 랩
1201010419_16v3

1 팁 위드 랩(Tip with Wrap)

1 정의

파우더 팁 시술 후 좀 더 튼튼하게 보강하기 위해 랩을 덮어씌움으로써 네일의 강도를 높여 주는 시술 방법이다.

2 사전 준비

① 테이블을 소독한다.
② 테이블 위에 흰색 타월을 깔고 그 위에 페이퍼 타월을 준비한다.
③ 네일 재료들을 바구니에 정리한다.
④ 위생 봉지를 테이블 한쪽에 붙인다.

3 재료 및 도구

레귤러 팁, 글루 드라이, 글루, 젤 글루, 필러 파우더, 클리퍼, 팁 커터기, 실크, 실크 가위, 더스트 브러시, 디자인 패드, 파일, 우드 파일, 샌딩 파일, 샌딩 블록, 광파일, 큐티클 오일

4 시술순서

프리퍼레이션preparation (자연 네일의 준비)

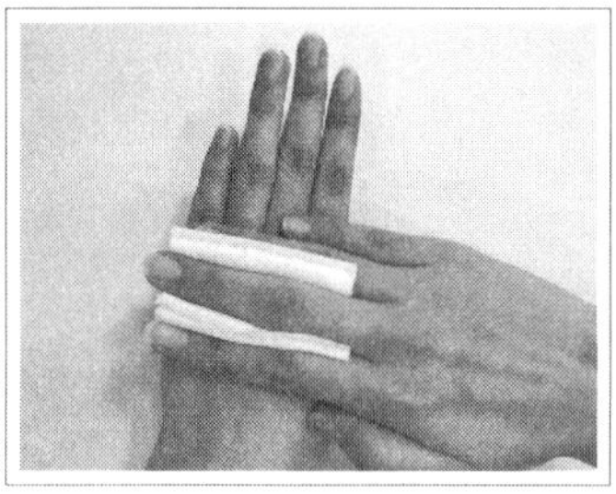

01

시술자 손 소독하기

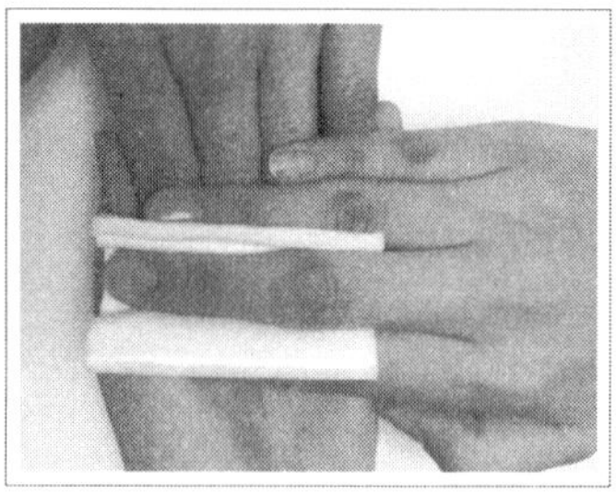

02

고객 손 소독하기

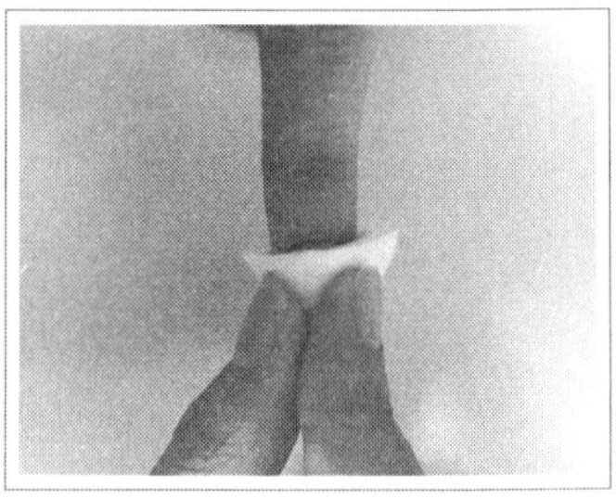

03

네일 폴리시 제거하기

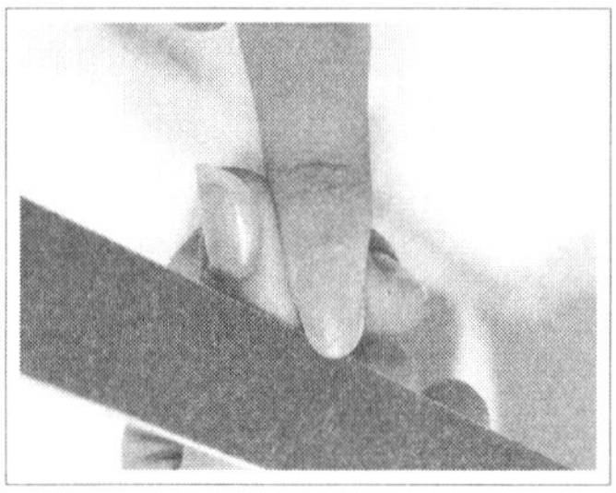

04

네일 길이 및 모양 잡기

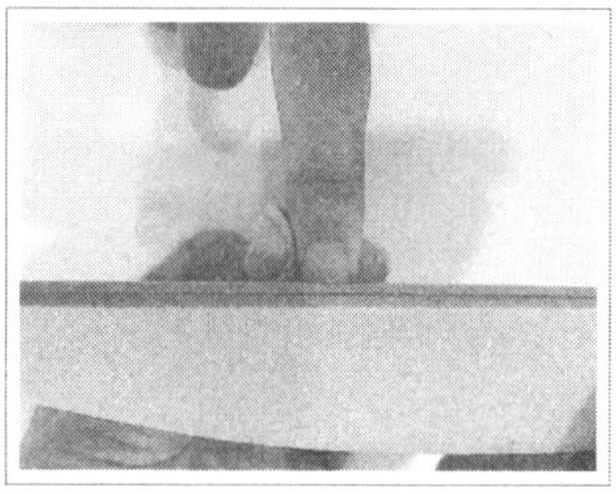

05

표면 샌딩하기

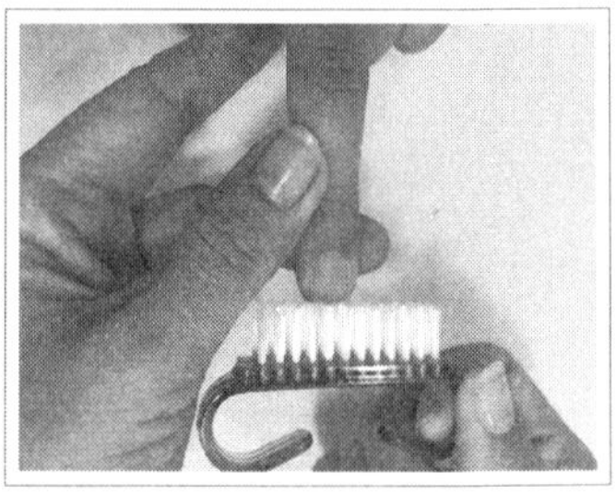

06

분진 제거하기

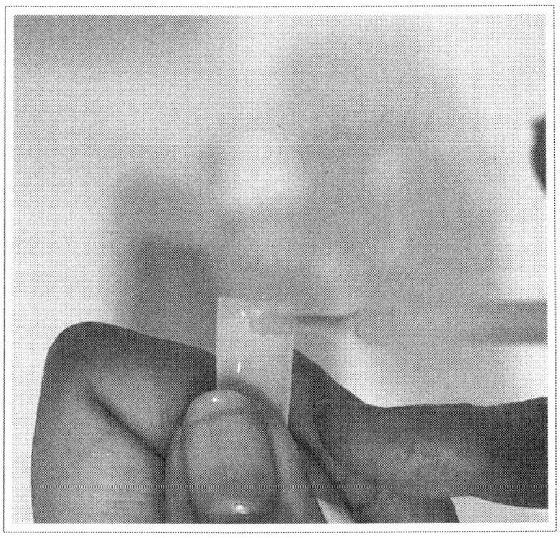

07

글루 바르기

네일 팁을 선택하고 팁 웰 부분에 글루를 바른다.

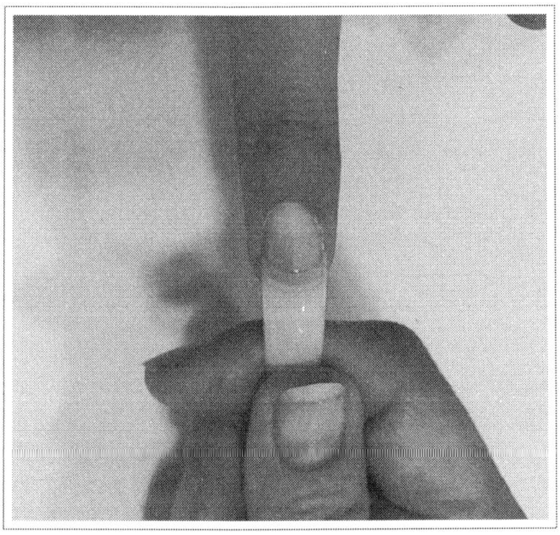

08

네일 팁 접착하기

웰 부분에 글루를 바르고 프렌치 팁을 45° 각도로 밀착하여 접착한다.

09

글루 드라이 분사하기

글루 드라이는 10cm 이상의 거리에서 약하게 분사하여 고정시킨다.

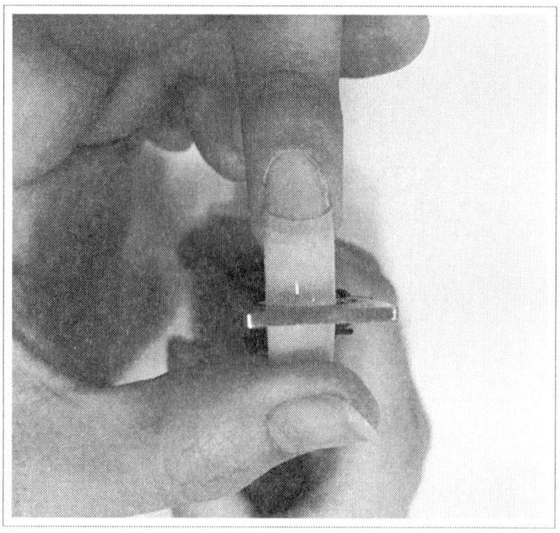

10

길이 조절하기

팁과 팁 커터가 90°가 되도록 맞춰 원하는 길이보다 조금 길게 잘라낸다. 네일 파일을 사용하여 스퀘어 모양을 만든다.

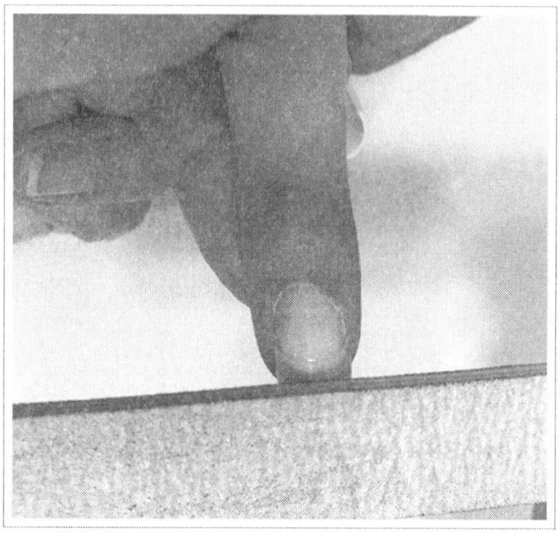

11

네일 팁 턱 제거하기

자연 네일과 매끄럽게 연결되도록 네일 팁 턱을 제거한다.

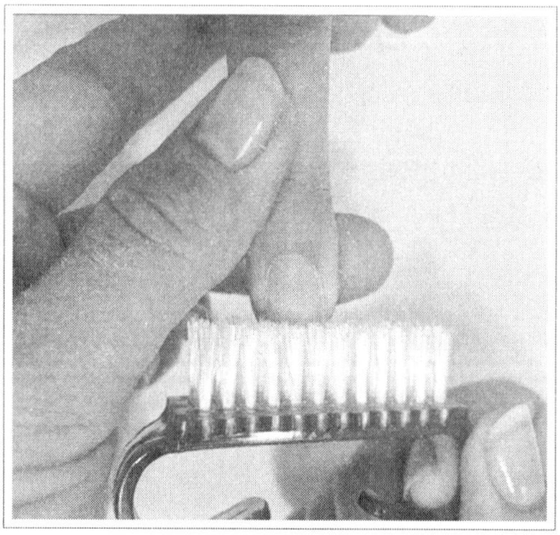

12

분진 제거하기

더스트 브러시를 사용하여 분진을 제거한다.

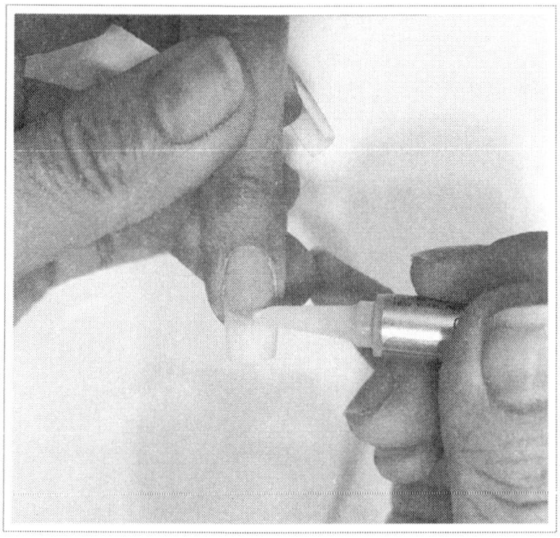

13

글루 바르기

네일 전체에 글루를 꼼꼼하게 바른다.

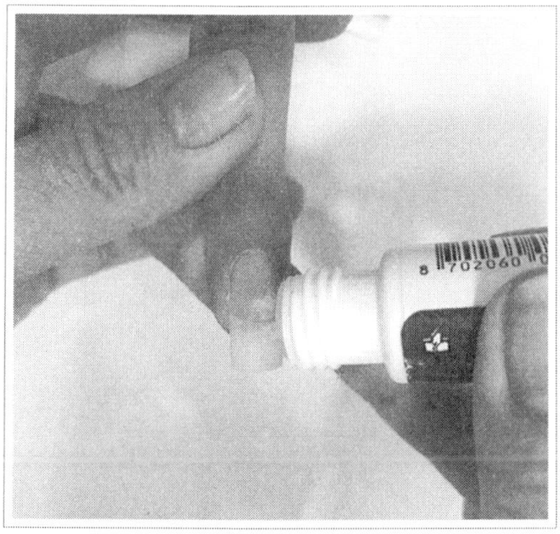

14

필러 파우더 뿌리기

필러 파우더를 네일 팁 턱 제거 부분에 집중적으로 뿌려주고 위 아래가 자연스럽게 그라데이션될 수 있도록 한다. 오렌지 우드 스틱으로 주변에 묻은 필러 파우더를 정리한다.

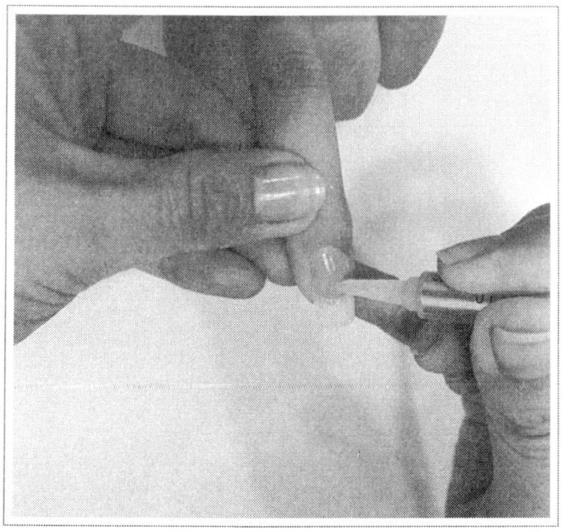

15

글루 바르기

글루가 필러 파우더에 스며들 수 있도록 바른다.

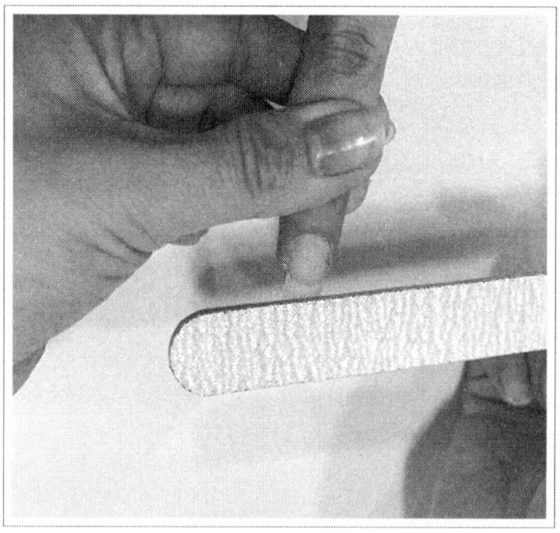

16

표면 정리하기

파일로 표면을 정리한다.

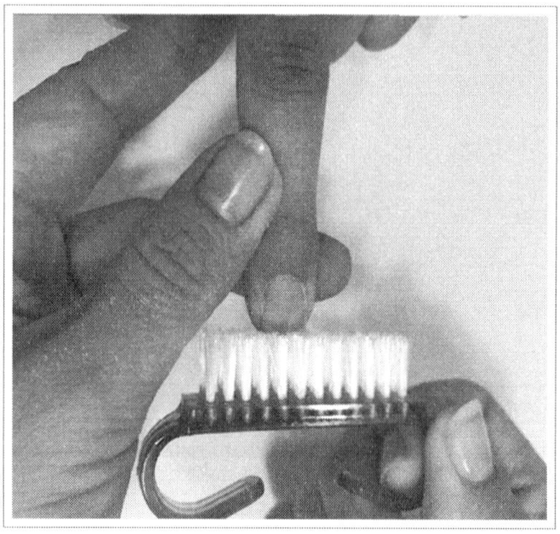

17

분진 제거하기

더스트 브러시를 사용하여 분진을 제거한다.

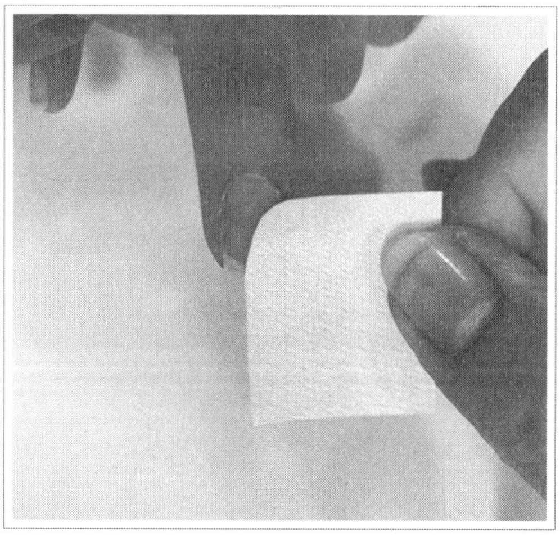

18

네일 랩 재단하기

네일 랩을 큐티클 라인 부분의 코너에 맞게 둥글게 재단한다.

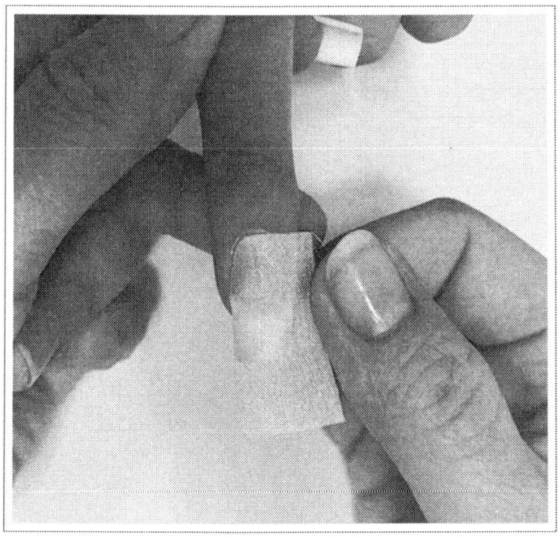

19

랩 접착하기

랩을 큐티클 라인에서 1 ~ 2mm 정도 남기고 접착한다.

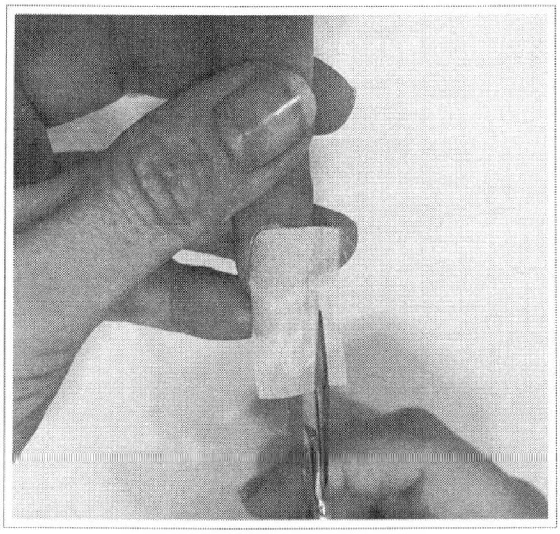

20

랩 재단하기

네일 랩을 큐티클 라인의 왼쪽의 곡선과 동일하게 재단한다.

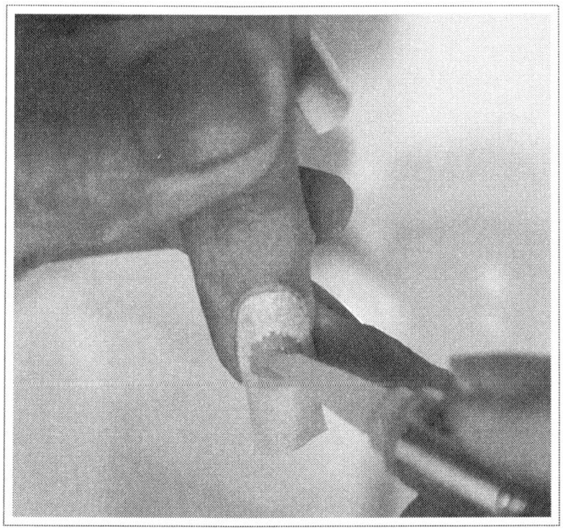

21

글루 바르기

글루를 바르고 랩을 고정한다.

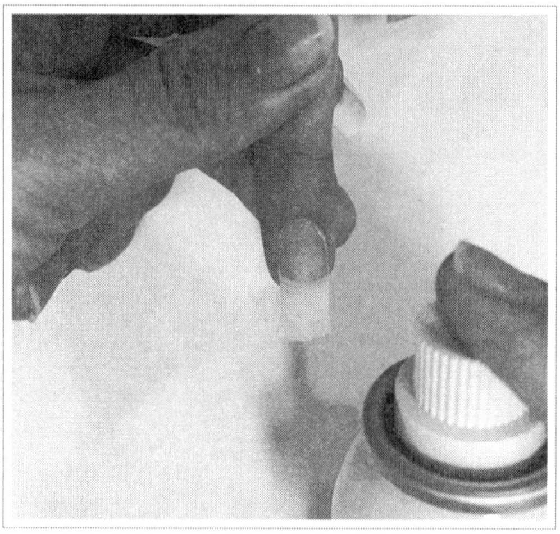

22

글루 드라이 분사하기

10cm 이상의 거리를 두고 약하게 분사하여 건조한다.

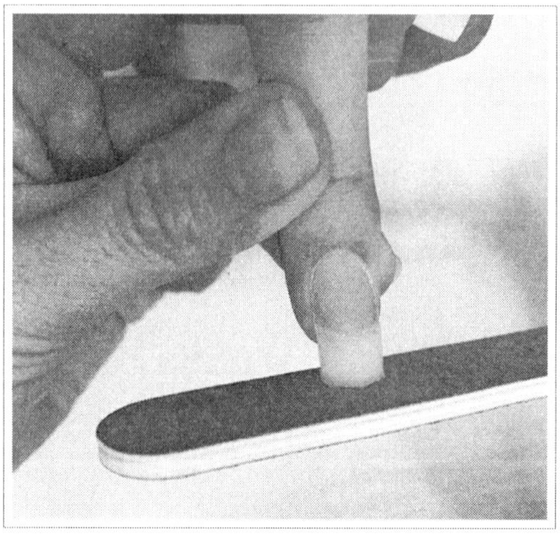

23

길이 조절하기

파일을 사용하여 길이를 조절한다.

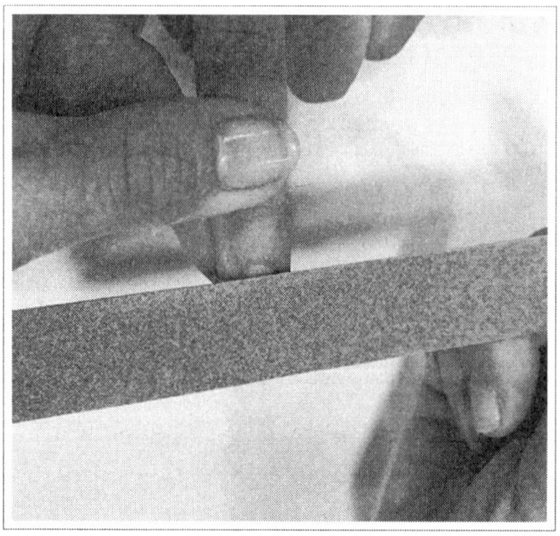

24

랩 턱 정리하기

큐티클 라인과 사이드의 랩 턱을 매끄럽게 파일링한다.

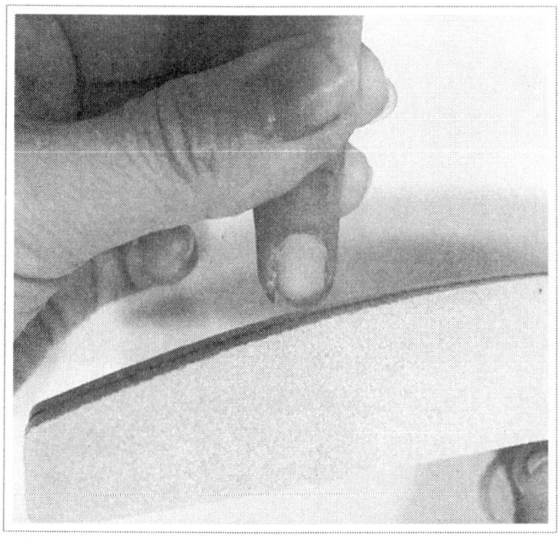

25

표면 샌딩하기

샌딩 파일을 사용하여 네일의 표면을 다듬는다.

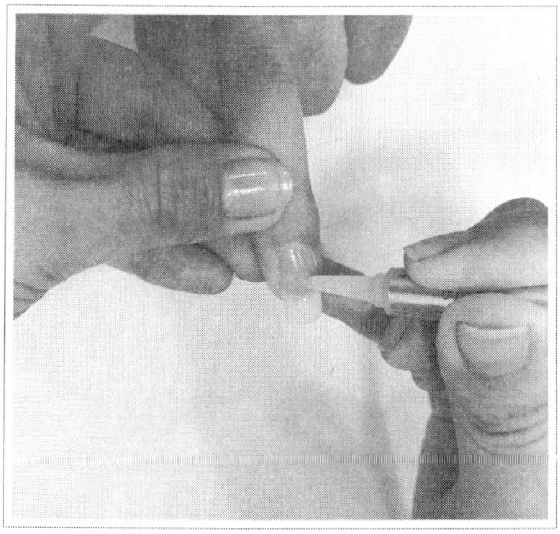

26

글루 바르기

글루를 도포하여 파일링으로 인한 표면의 스크레치를 메워 준다.

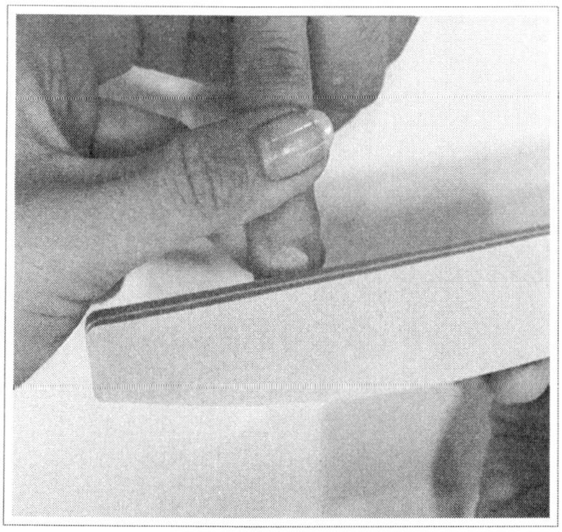

27

표면 정리하기

샌딩 파일을 사용하여 네일 표면을 매끄럽게 정리한다.

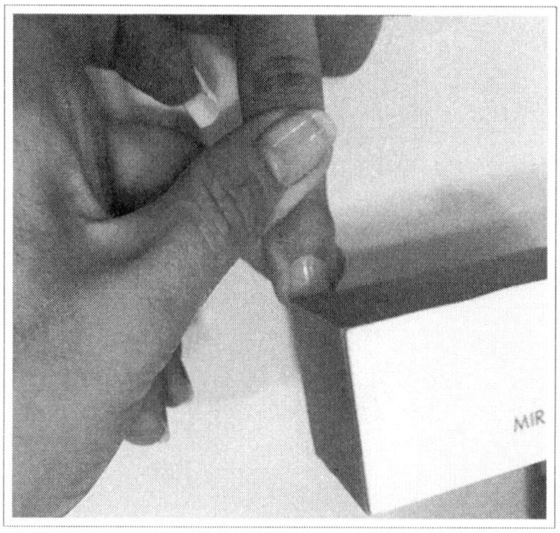

28

광택 내기

광택용 파일을 사용하여 네일의 표면에 광택을 낸다.

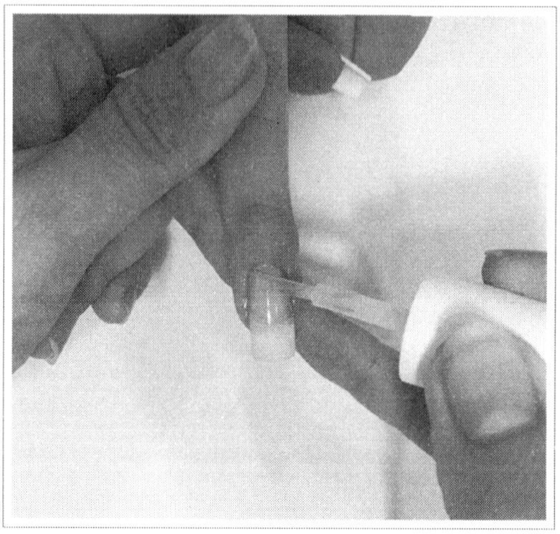

29

큐티클 오일 바르기

큐티클 부분에 큐티클 오일을 바르고 손 전체를 닦아 준다.

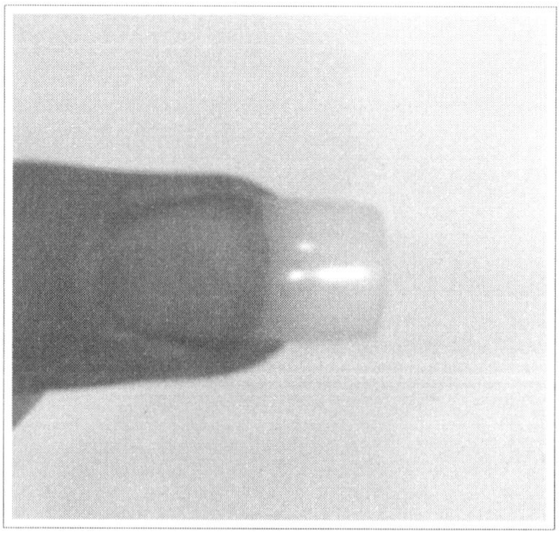

30

완성하기

03

CHAPTER

랩 네일

1201010405_16v3

03
랩 네일
1201010405_16v3

1 랩 익스텐션(Wrap Extension)

1 정의

인조 네일 팁을 사용하지 않고 네일 랩, 글루, 필러 파우더를 사용하여 네일의 강도를 높이고 네일의 길이를 연장하는 시술 방법이다.

2 사전 준비

① 테이블을 소독한다.
② 테이블 위에 흰색 타월을 깔고 그 위에 페이퍼 타월을 준비한다.
③ 네일 재료들을 바구니에 정리한다.
④ 위생 봉지를 테이블 한쪽에 붙인다.

3 재료 및 도구

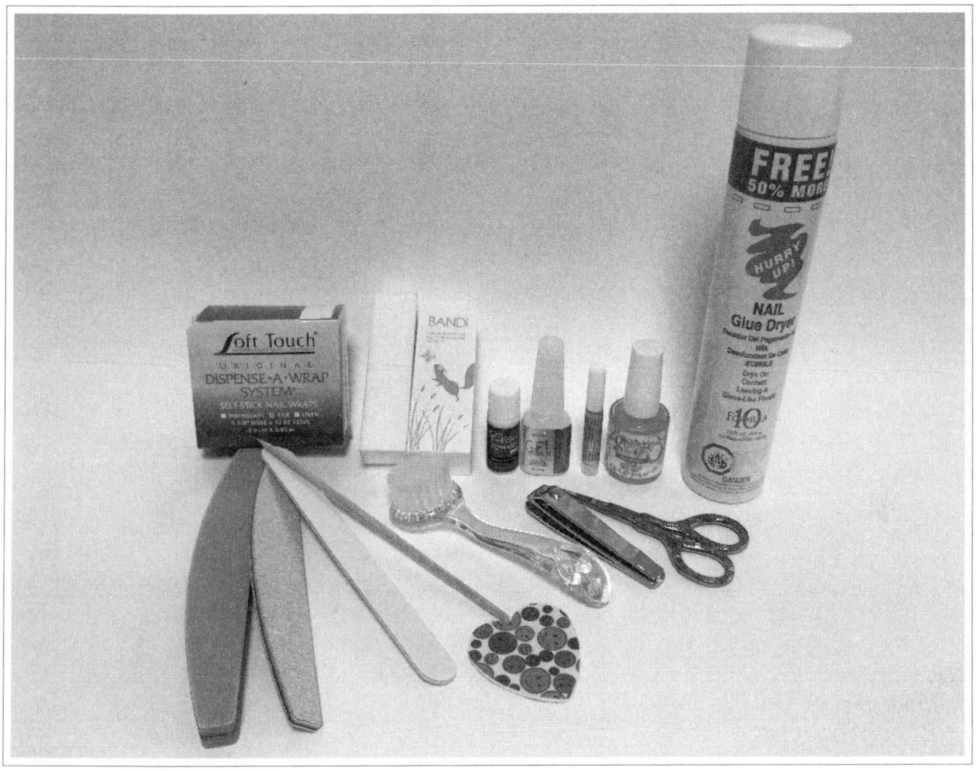

더스트 브러시, 디자인 패드, 파일, 우드 파일, 샌딩 파일, 샌딩 블록, 광파일, 큐티클 오일

4 수행순서

프리퍼레이션preparation (자연 네일의 준비)

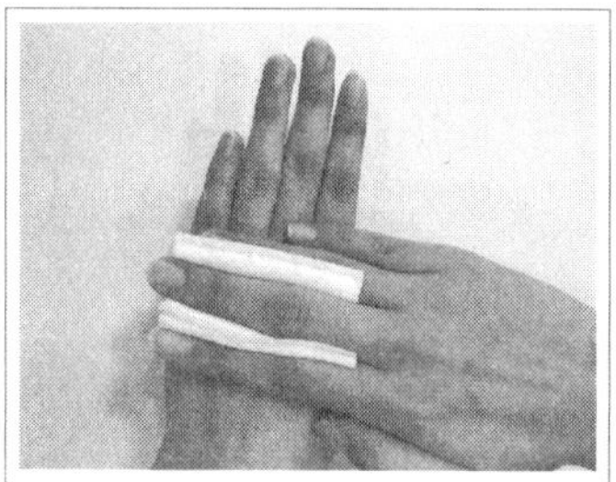

01

시술자 손 소독하기

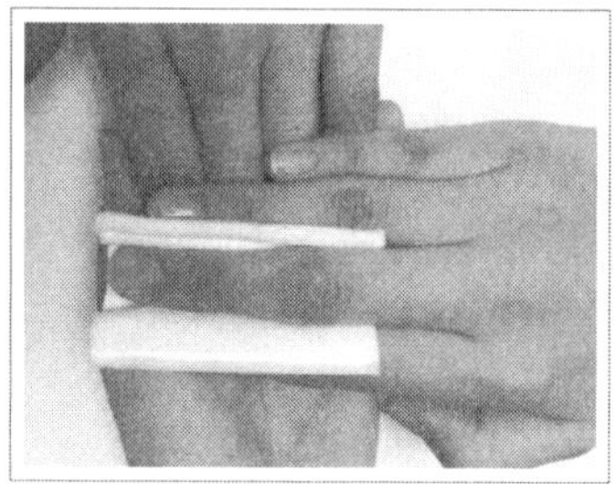

02

고객 손 소독하기

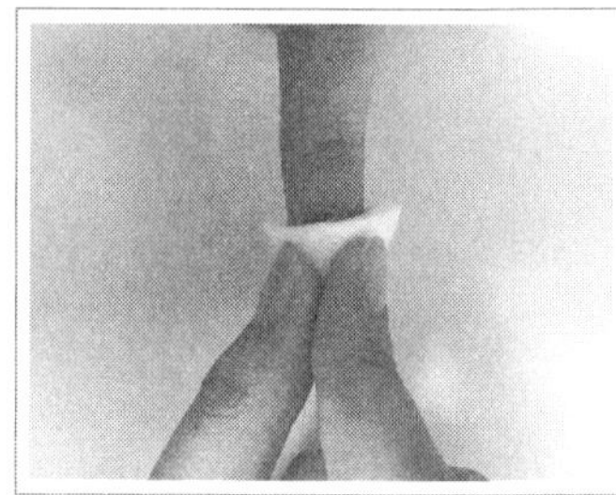

03

네일 폴리시 제거하기

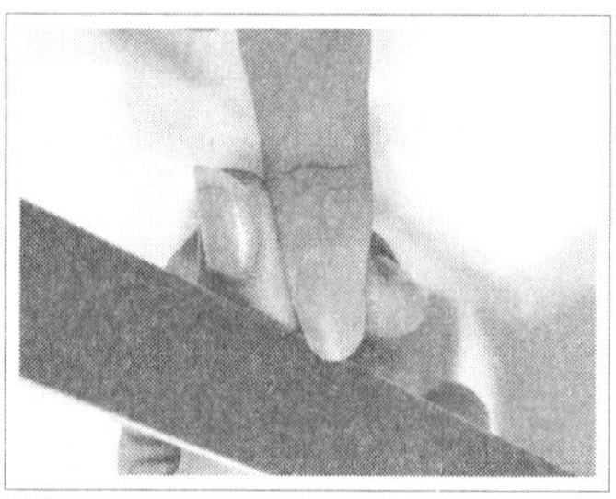

04

네일 길이 및 모양 잡기

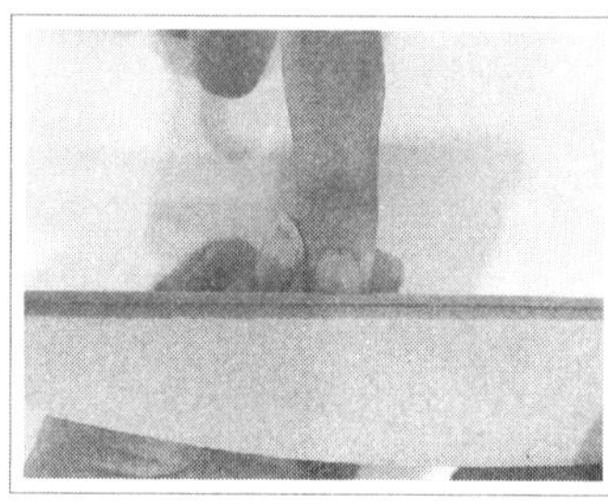

05

표면 샌딩하기

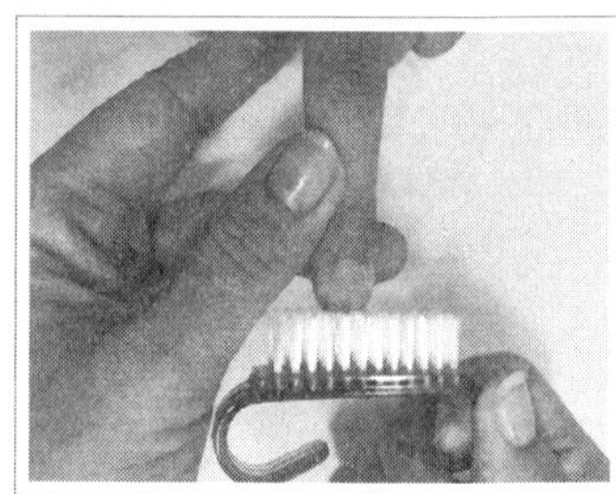

06

분진 제거하기

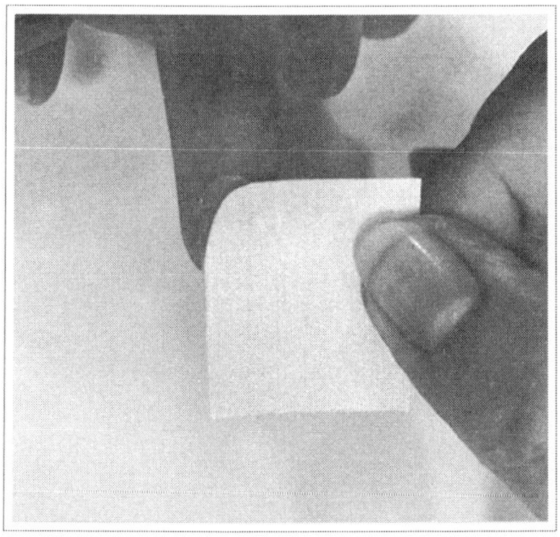

07

랩 재단하기

네일 랩을 큐티클 라인 부분의 곡선과 동일하게 사다리꼴로 재단한다.

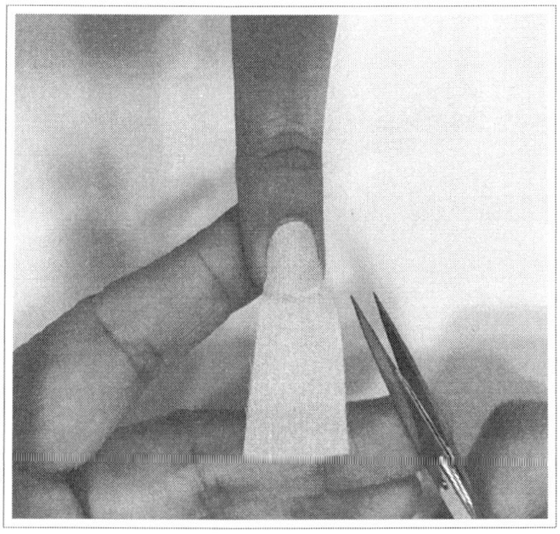

08

랩 접착하기

랩을 큐티클 라인에서 1 ~ 2mm 정도 떨어져서 접착하고 양쪽 스트레스 포인트에 맞도록 접착한다.

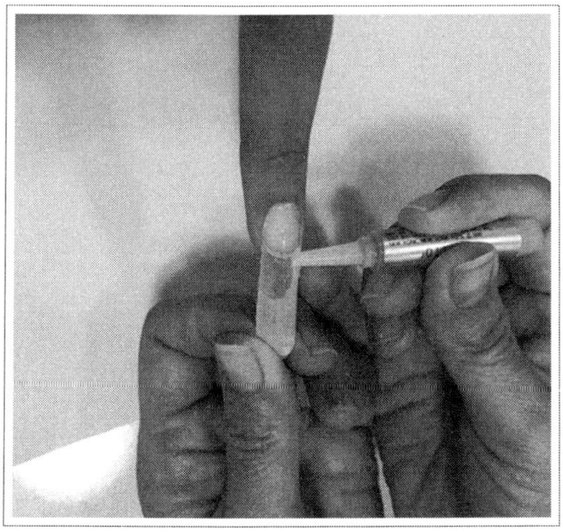

09

글루 도포하기(모양 잡기)

큐티클 라인부터 연장하고자 하는 길이보다 조금 넉넉하게 글루를 도포한다.

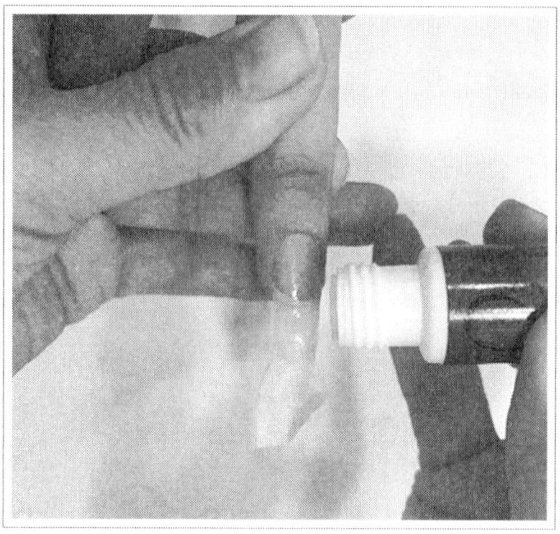

10

필러 파우더 뿌리기

필러 파우더를 랩 연장 소량씩 뿌려 두께를 조절한다. 글루와 필러 파우더를 2 ~ 3회 반복해 가며 C커브를 잡아 준다.

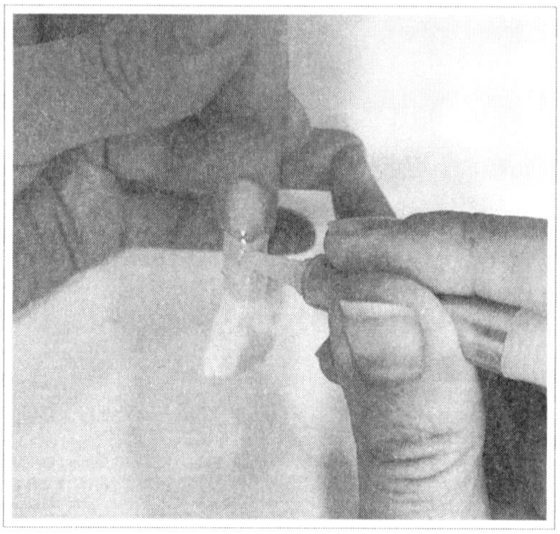

11

글루 도포하기

피부에 있는 필러 파우더를 정리하며 글루가 아래로 흐르도록 도포한다.

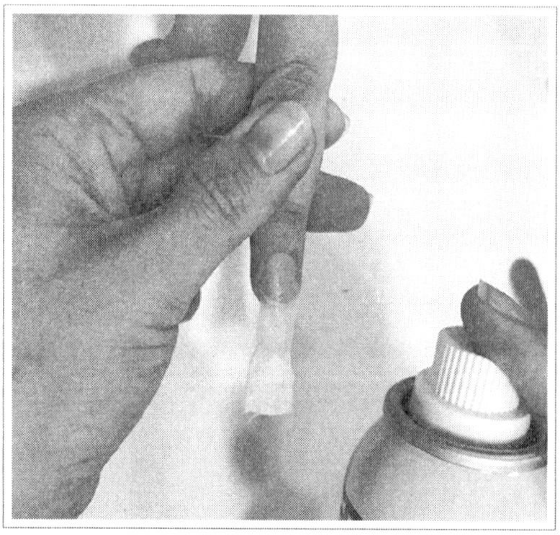

12

글루 드라이 분사하기

10cm 이상의 거리를 두고 약하게 분사하여 건조한다.

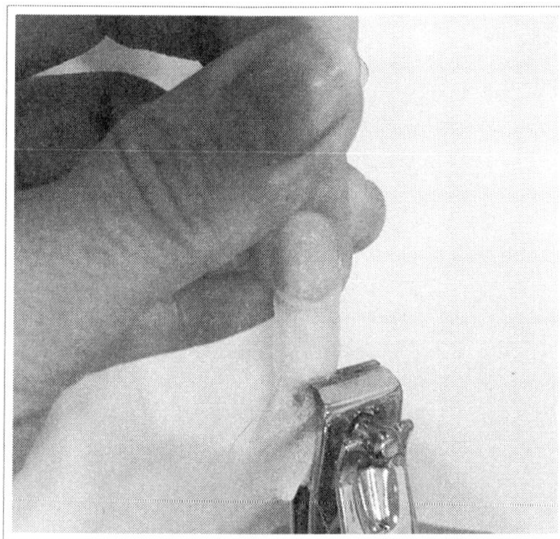

13

길이 조절하기

클리퍼를 사용하여 길이를 조절한다.

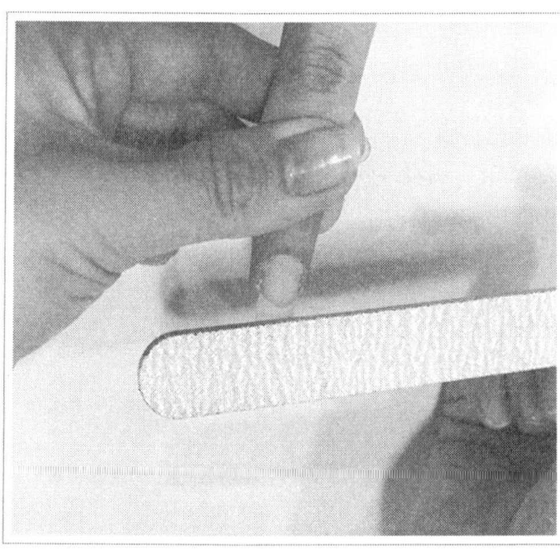

14

표면 파일링하기

파일을 사용하여 랩 턱을 제거하고 스퀘어 모양을 만들며 파일링한다.

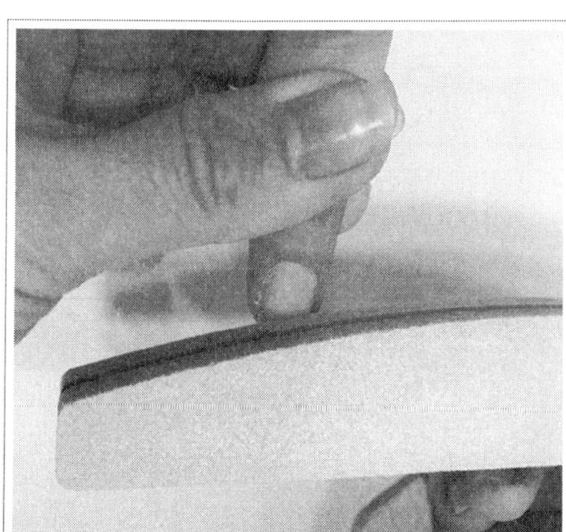

15

표면 정리하기

샌딩 파일을 사용하여 매끄럽게 정리한다.

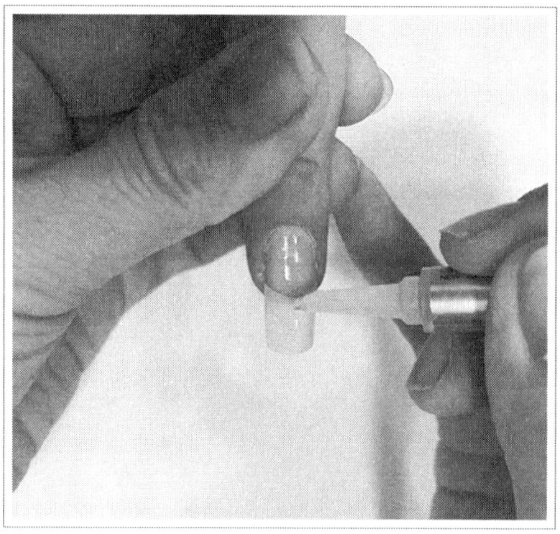

16

글루 도포하기

글루를 도포하여 파일링으로 인한 표면의 스크레치를 메워 준다.

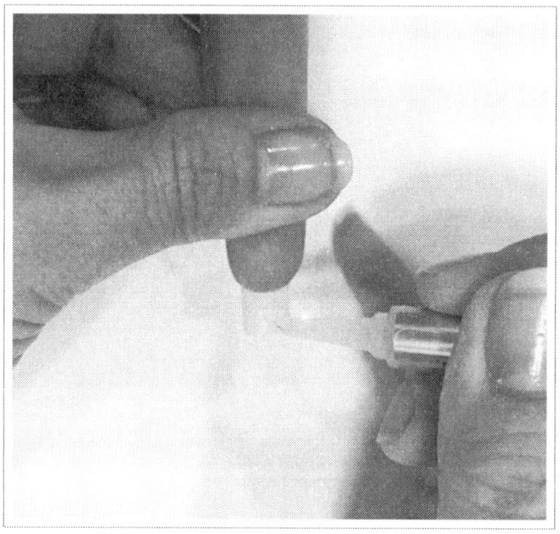

17

글루 도포하기

투명도를 높이기 위해서 손톱을 뒤집어 안쪽의 프리에지까지 글루를 도포한다.

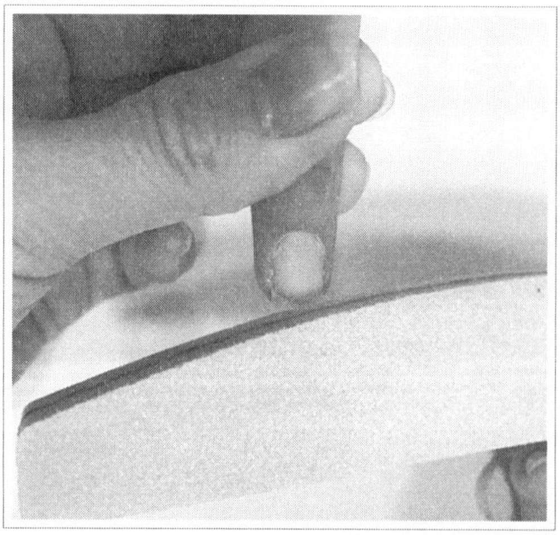

18

표면 정리하기

샌딩 파일을 사용하여 네일 표면을 매끄럽게 정리한다.

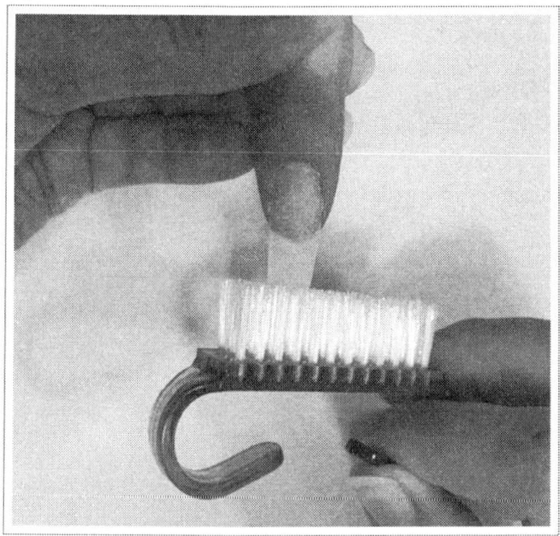

19

분진 제거하기

더스트 브러시를 사용하여 분진을 제거한다.

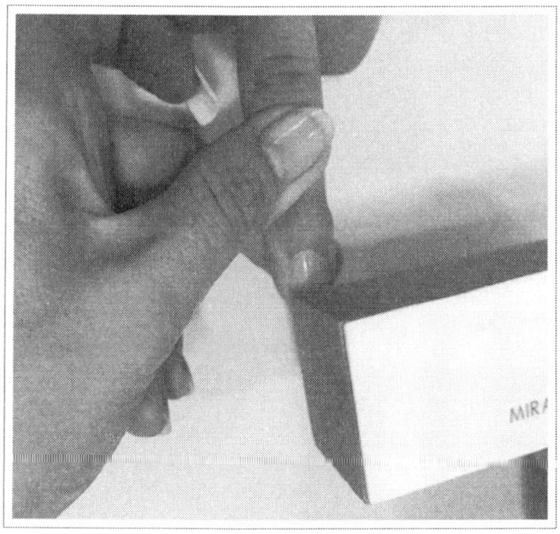

20

광택 내기

광택용 파일을 사용하여 네일의 표면에 광택을 낸다.

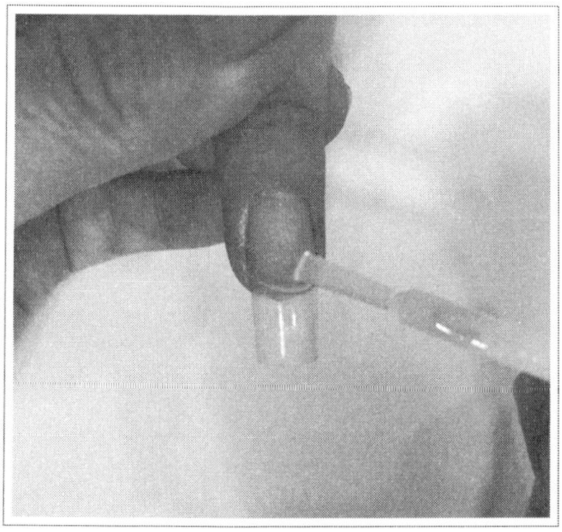

21

큐티클 오일 바르기

큐티클 부분에 큐티클 오일을 바르고 손 전체를 닦아 준다.

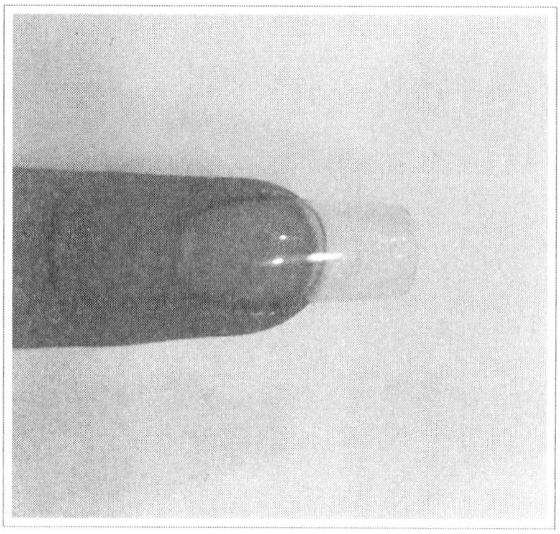

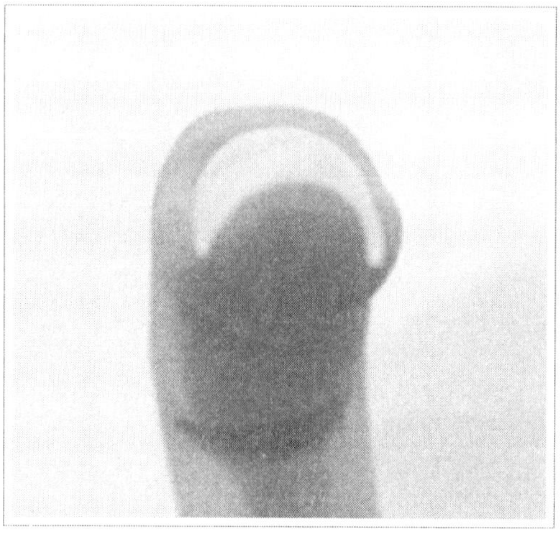

21

완성하기

04

CHAPTER

아크릴 네일

1201010407_16v3

04 아크릴 네일

1201010407_16v3

1 원 톤 스컬프처(One Tone Sculpture)

1 정의

아크릴 클리어 파우더와 리퀴드를 믹스처[mixture]하여 프리에지 모양을 만들고 네일 바디 부분을 오버레이해서 네일의 길이를 연장하는 시술 방법이다.

2 사전 준비

① 테이블을 소독한다.

② 테이블 위에 흰색 타월을 깔고 그 위에 페이퍼 타월을 준비한다.

③ 네일 재료들을 바구니에 정리한다.

④ 위생 봉지를 테이블 한쪽에 붙인다.

3 재료 및 도구

아크릴릭 리퀴드, 리퀴드 볼, 클리어 파우더, 브러시, 네일 폼, 실크 가위, 프라이머, 큐티클 오일, 파일, 우드 파일, 샌딩 파일, 샌딩 블록, 광파일, 더스트 브러시

4 수행순서

프리퍼레이션preparation (자연 네일의 준비)

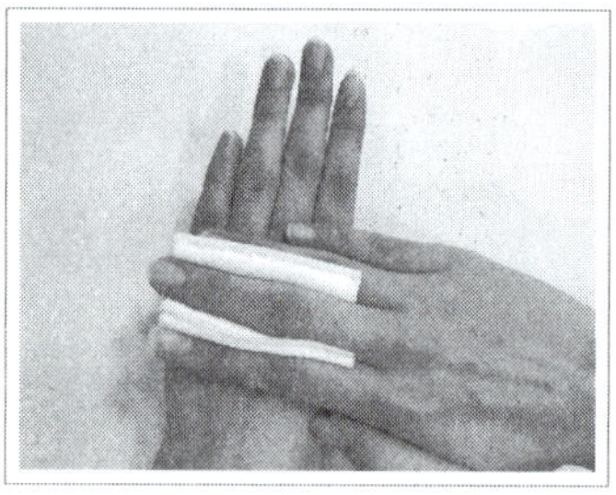

01
시술자 손 소독하기

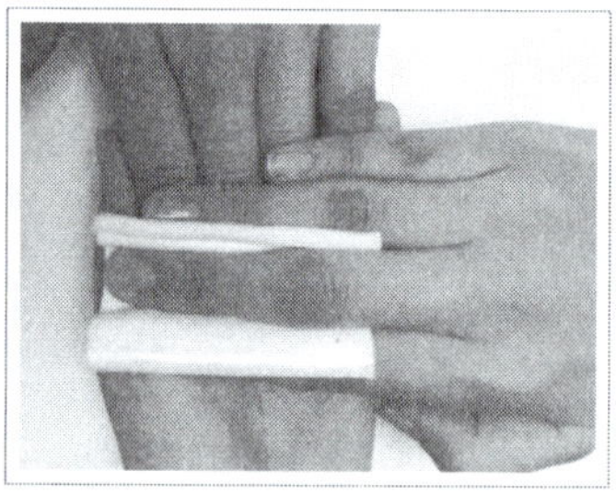

02
고객 손 소독하기

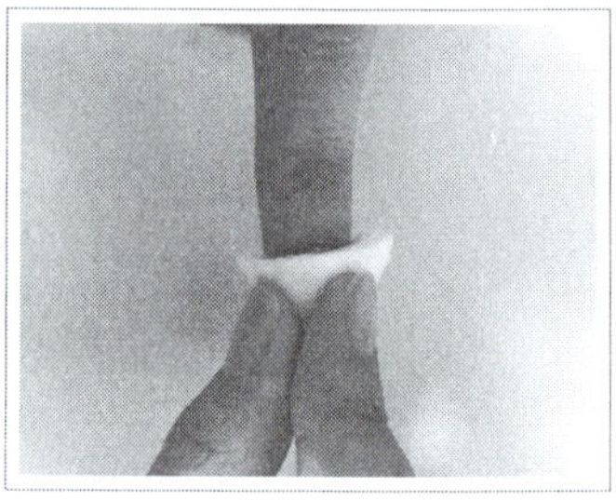

03
네일 폴리시 제거하기

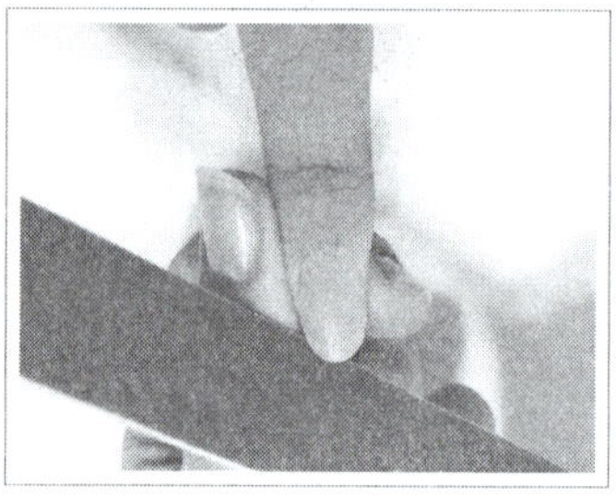

04
네일 길이 및 모양 잡기

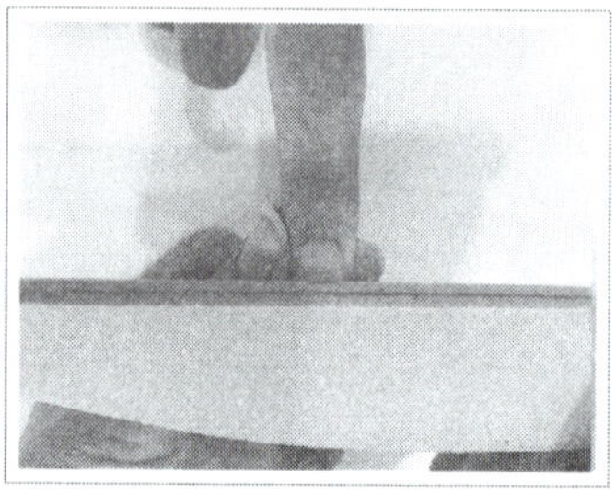

05
표면 샌딩하기

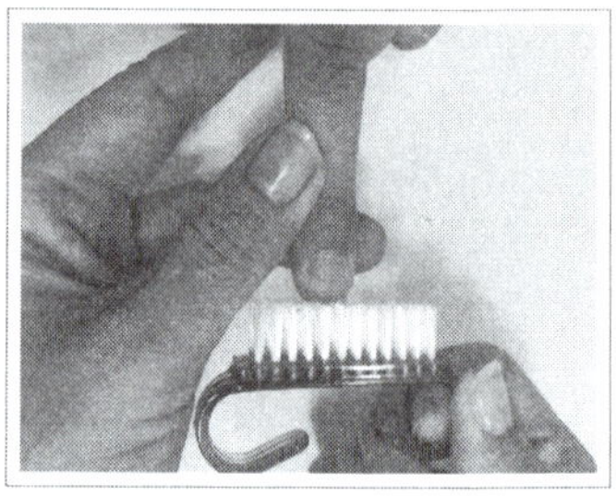

06
분진 제거하기

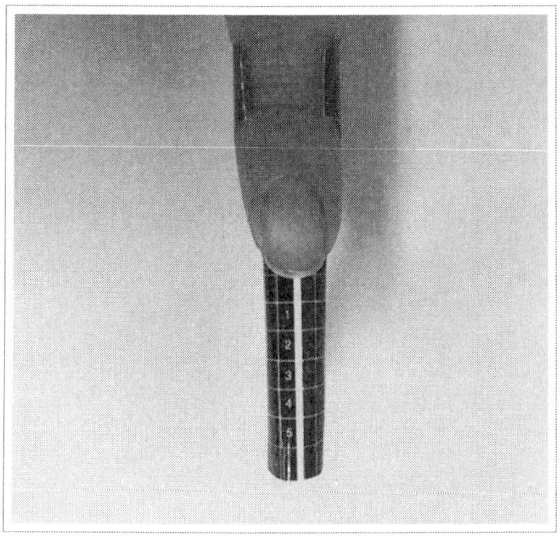

07

네일 폼 끼우기

자연 네일과 네일 폼 사이에 공간이 없어야 하며 폼이 수평을 이루어야 한다.

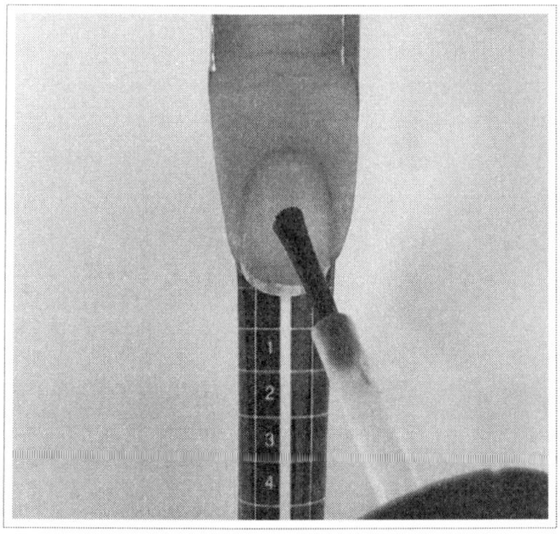

08

프라이머 바르기

자연 네일의 유수분 제거, pH밸런스를 맞추기 위해 프라이머를 소량 도포한다.

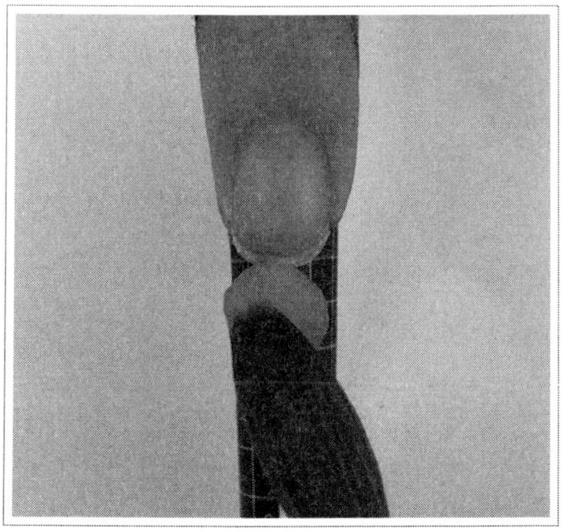

09

클리어 볼 올리기 I

브러시에 리퀴드와 클리어 파우더를 믹스처하여 볼을 만든 다음 프리에지 위에 올려 두께감을 만든다.

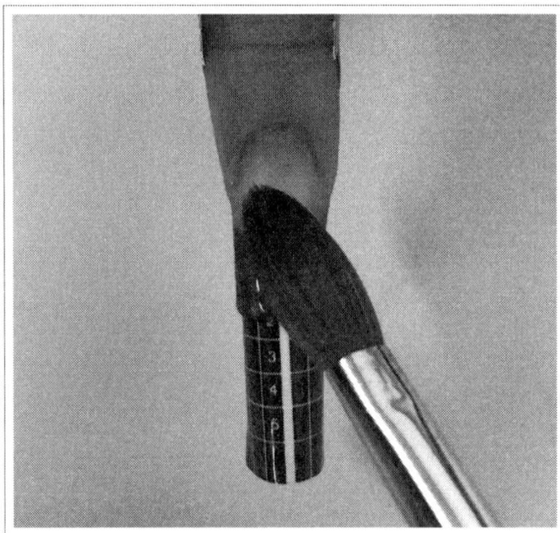

10

클리어 볼 올리기 II

아크릴 볼을 만들어 네일 바디의 중간 부분에 올려 모양을 만들고 소량의 볼을 만들어 큐티클 라인에 얇게 펴 바른 후 손톱 전체를 매끄럽게 쓸어내린다.

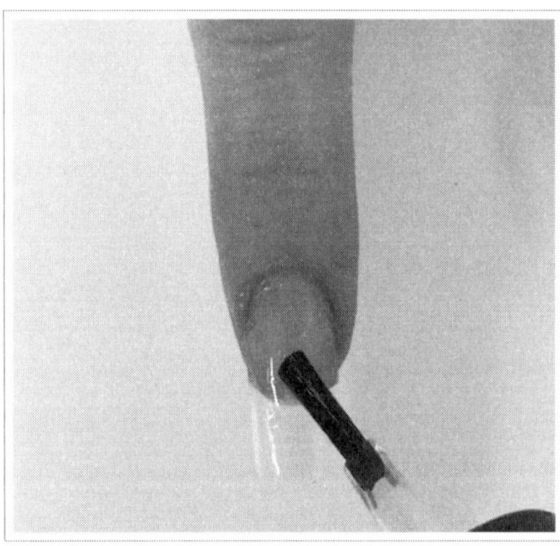

11

큐티클 오일 바르고 완성하기

큐티클 부분에 큐티클 오일을 소량만 바르고 페이퍼 타월로 문질러 닦아 준다.

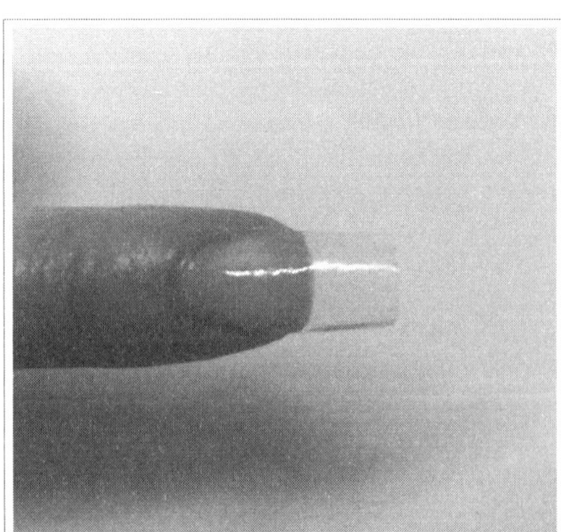

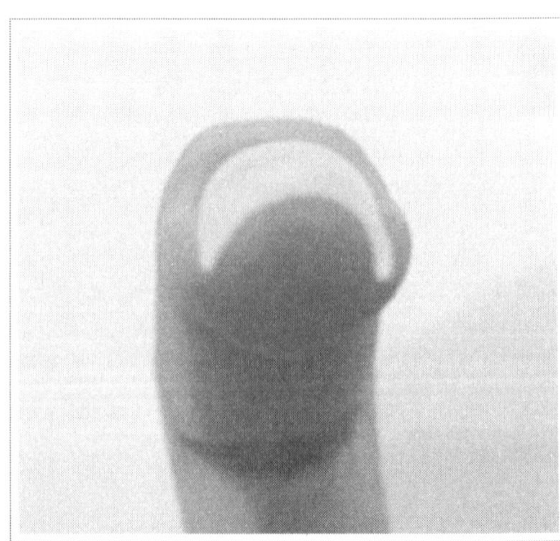

2 프렌치 스컬프처(French Sculpture)

1 정의

화이트 아크릴 파우더로 프리에지 모양을 만들고 클리어 파우더 또는 핑크 아크릴 파우더로 네일 바디 부분을 오버레이해서 네일의 길이를 연장하는 시술 방법이다.

2 사전 준비

① 테이블을 소독한다.
② 테이블 위에 흰색 타월을 깔고 그 위에 페이퍼 타월을 준비한다.
③ 네일 재료들을 바구니에 정리한다.
④ 위생 봉지를 테이블 한쪽에 붙인다.

3 재료 및 도구

아크릴릭 리퀴드, 리퀴드 볼, 클리어 파우더, 화이트 파우더, 브러시, 네일 폼, 실크 가위, 프라이머, 큐티클 오일, 파일, 우드 파일, 샌딩 파일, 샌딩 블록, 광파일, 더스트 브러시

4 수행순서

프리퍼레이션preparation (자연 네일의 준비)

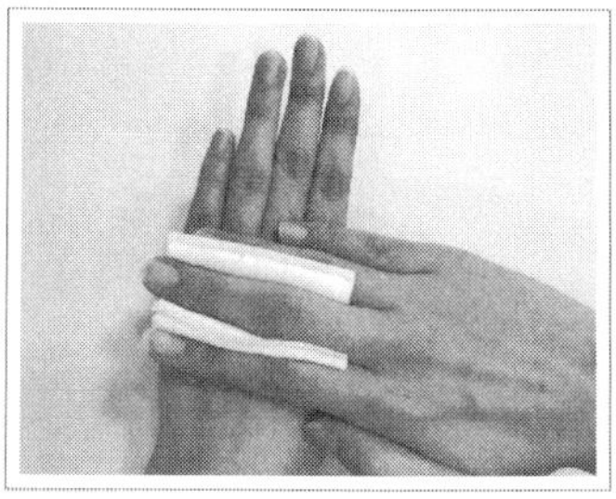

01

시술자 손 소독하기

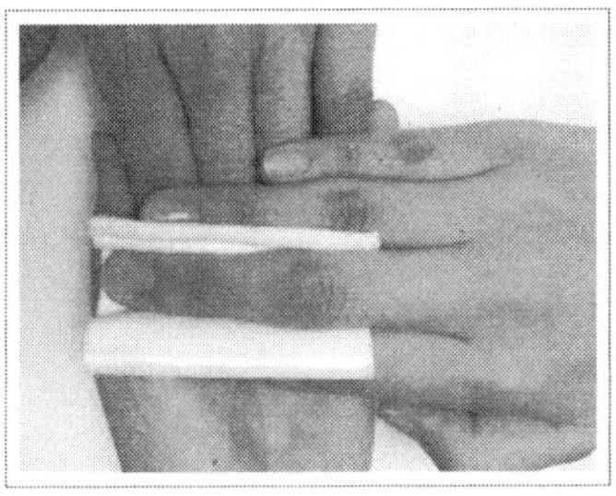

02

고객 손 소독하기

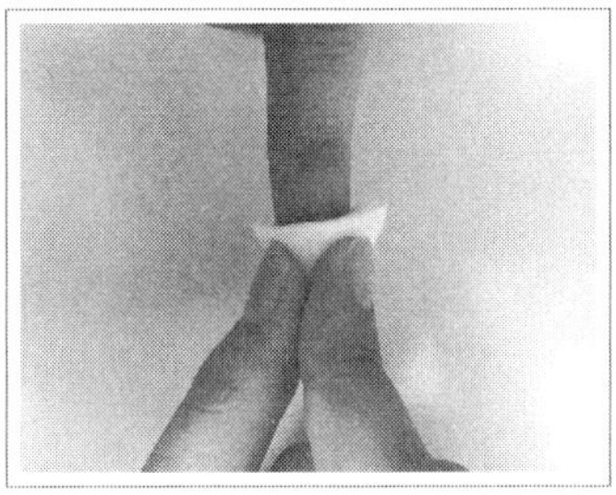

03

네일 폴리시 제거하기

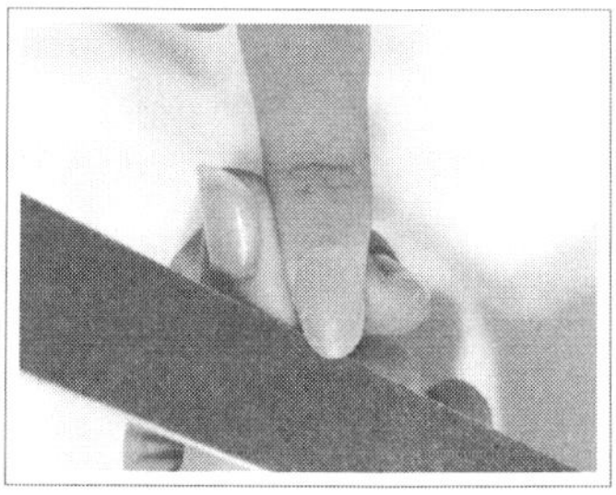

04

네일 길이 및 모양 잡기

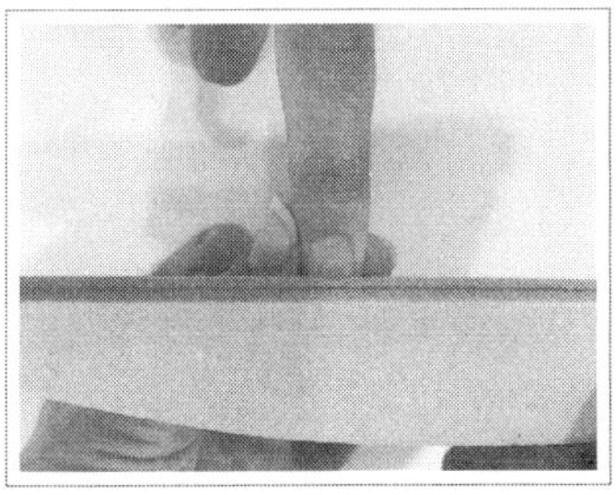

05

표면 샌딩하기

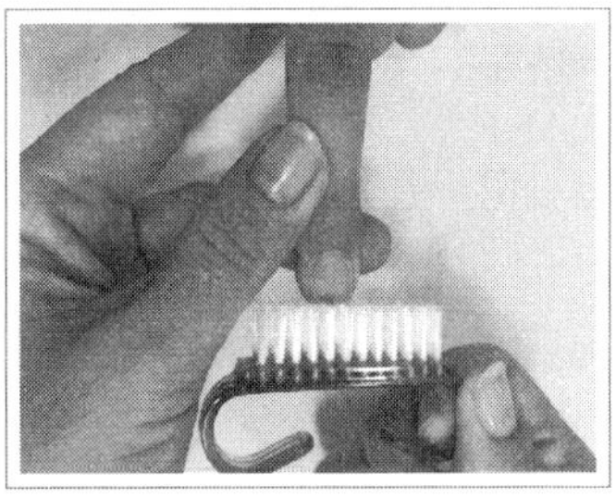

06

분진 제거하기

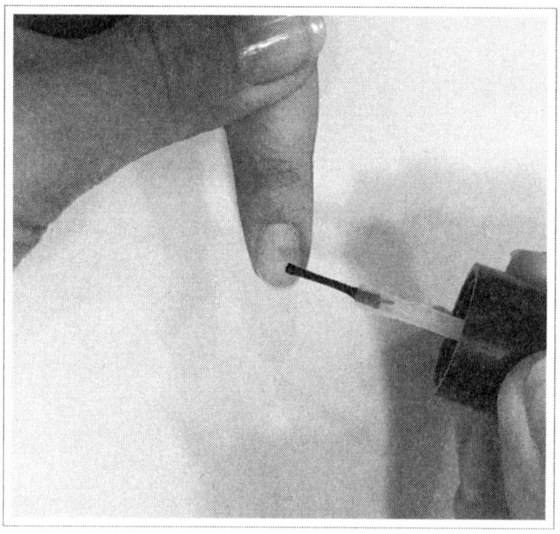

07

프라이머 바르기

자연 네일에 프라이머를 소량 도포한다.

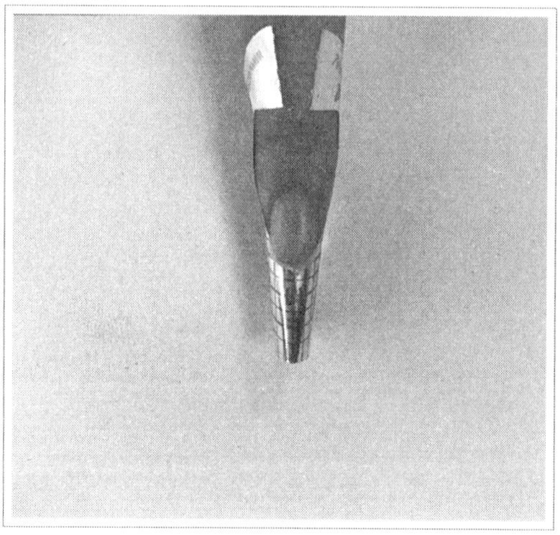

08

네일 폼 끼우기

자연 네일과 네일 폼 사이에 공간이 없어야 하며 폼이 수평을 이루어야 한다.

09

화이트 볼 올리기

프리에지 부분에 화이트 아크릴 파우더 볼을 올려 준다.

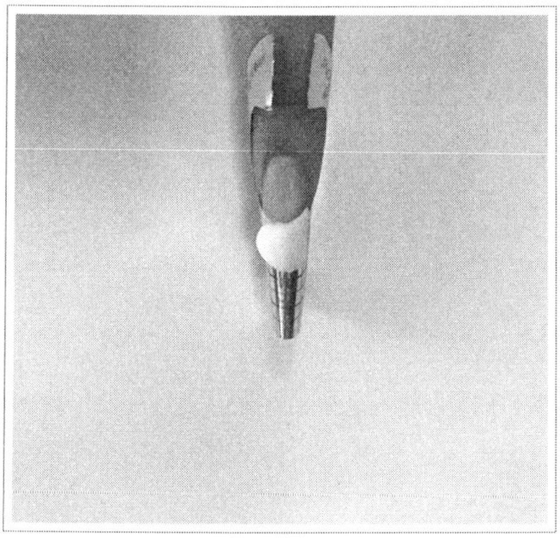

10

프리에지 만들기

브러시를 사용하여 화이트 볼을 좌우로 펼쳐 준다.

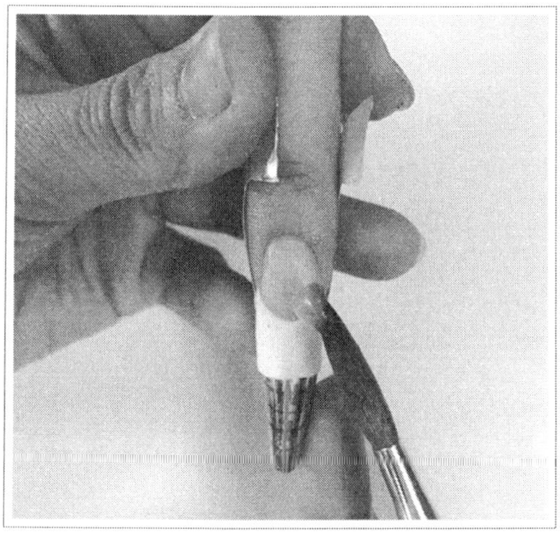

11

클리어 볼 올리기

자연 네일과 스마일 라인 사이에 클리어 볼을 올려 하이포인트를 고려하여 프리에지와 연결한다.
큐티클 라인은 큐티클에 닿지 않도록 소량의 클리어 볼을 올려 얇게 펴서 자연스럽게 연결한다.

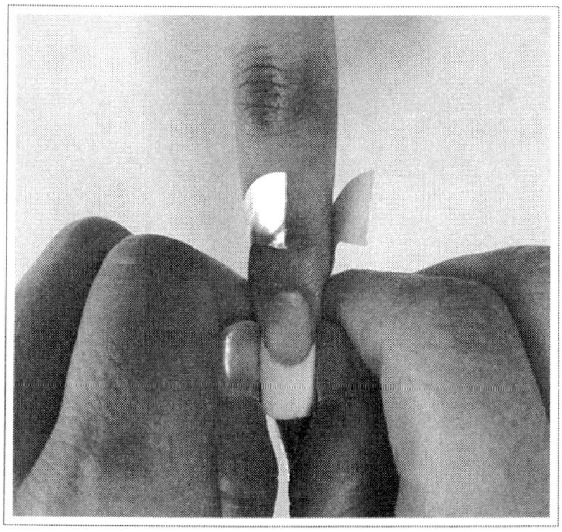

12

C커브 만들기

스트레스 포인트 부분을 양쪽 엄지 손톱으로 눌러 주어 C커브 형태를 만들어 준 후 네일 폼을 제거한다.

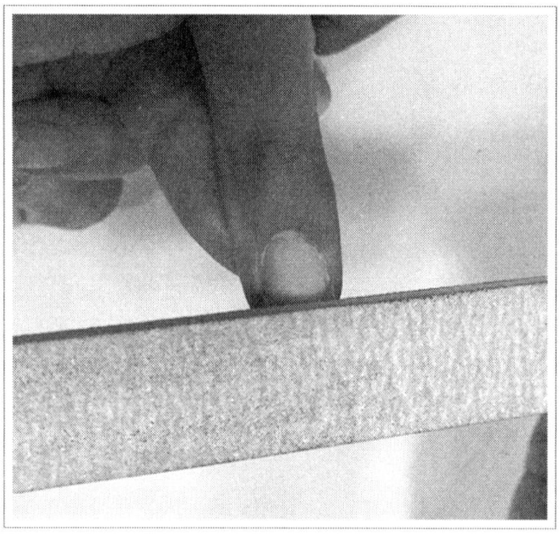

13

표면 파일링하기

파일을 사용하여 길이와 모양을 만들고 두께와 하이포인트를 살려 표면을 매끄럽게 갈아준다.

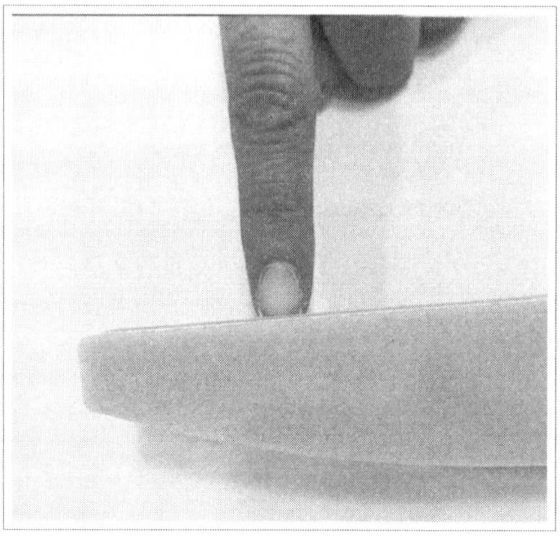

14

표면 정리하기

샌딩 파일을 사용하여 매끄럽게 정리한다.

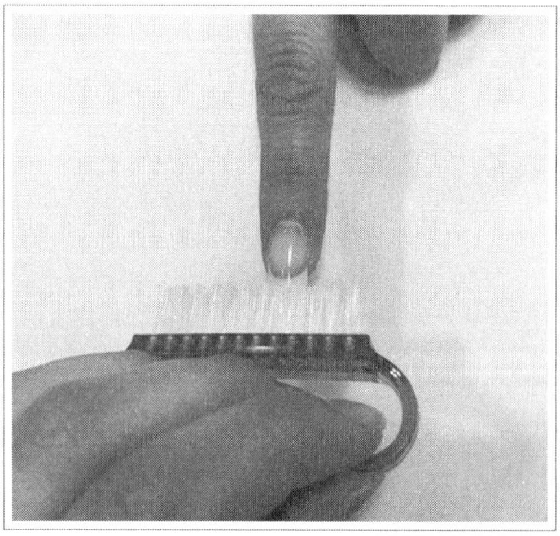

15

분진 제거하기

더스트 브러시를 사용하여 분진을 제거한다.

16

광택 내기

광택용 파일을 사용하여 네일의 표면에 광택을 낸다.

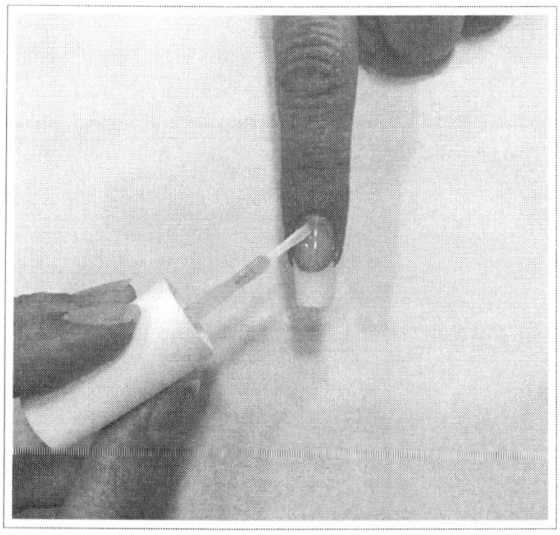

17

큐티클 오일 바르고 완성하기

큐티클 부분에 큐티클 오일을 바르고 손 전체를 닦아 준다.

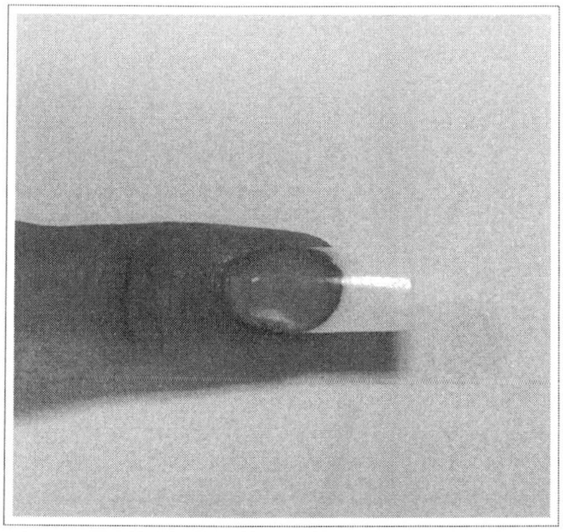

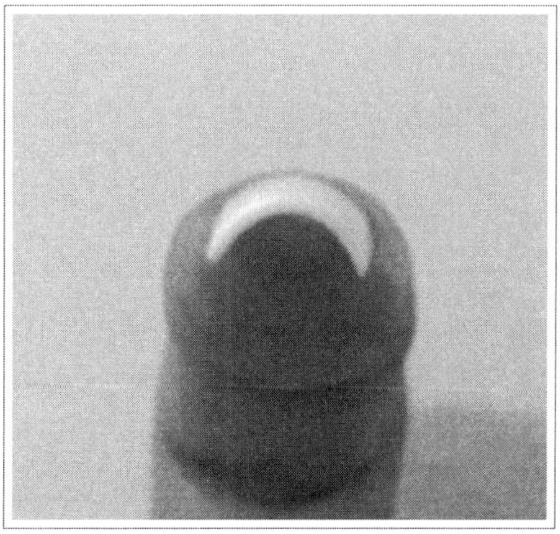

05

CHAPTER

인조 네일 제거

05
인조네일 제거

네일을 보호하고 건강하게 유지하기 위하여 네일 위에 시술된 인조 네일을 올바른 방법으로 제거하고 마무리해야 한다.

1 사전 준비

① 테이블을 소독한다.
② 테이블 위에 흰색 타월을 깔고 그 위에 페이퍼 타월을 준비한다.
③ 네일 재료들을 바구니에 정리한다.
④ 위생 봉지를 테이블 한쪽에 붙인다.

2 재료 및 도구

흰색 타월	페이퍼 타월	클리퍼	큐티클 오일
화장솜	파일꽂이	더스트 브러시	위생봉지
손 소독제	에탄올	샌딩 파일	마스크
소독용기	오렌지 우드스틱	우드 파일	손목 받침대
화장솜 용기	광택용 파일	지혈제	

3 수행순서

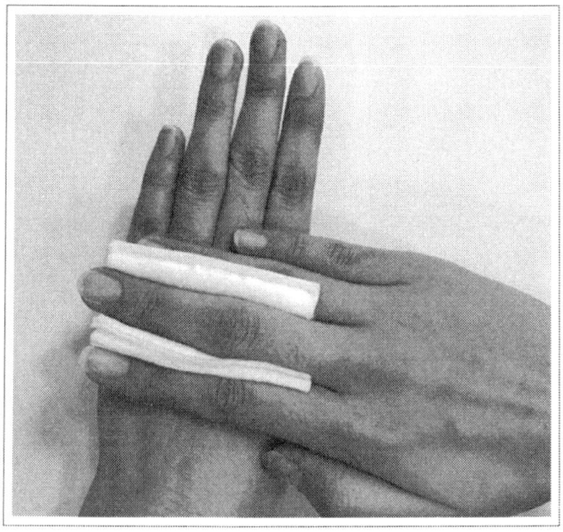

01

시술자 손 소독하기

손 소독제를 사용하여 시술자의 손을 소독한다.

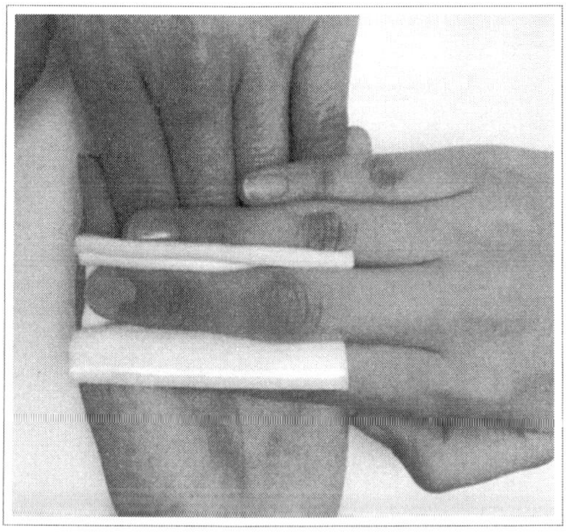

02

고객 손 소독하기

손 소독제를 사용하여 고객의 손을 소독한다.

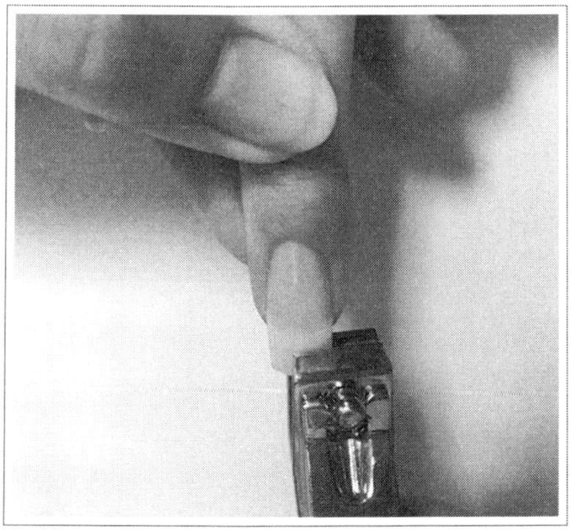

03

네일의 길이 자르기

클리퍼를 사용하여 연장된 프리에지를 잘라낸다.

04

표면 파일링하기

네일 파일로 인조 네일의 표면 두께를 적당히 갈아낸다.

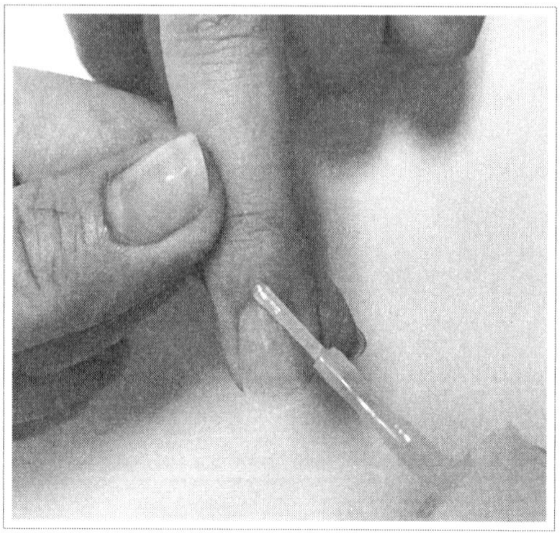

05

큐티클 오일 바르기

피부의 보습을 위하여 큐티클 오일을 발라 준다.

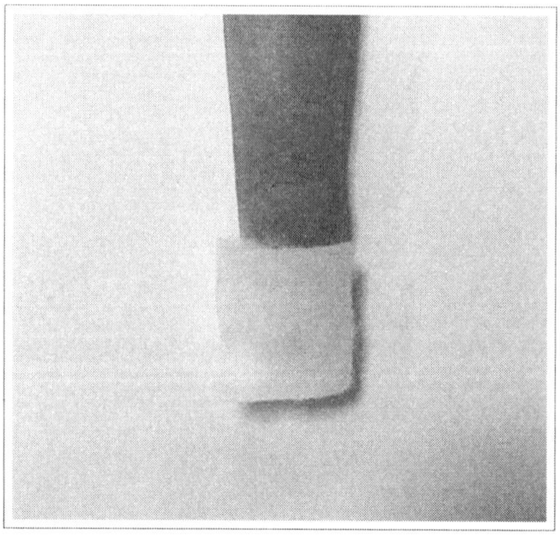

06

솜에 아세톤 묻히기

절단 솜에 퓨어 아세톤을 묻혀 손톱 위에 올려 놓는다.

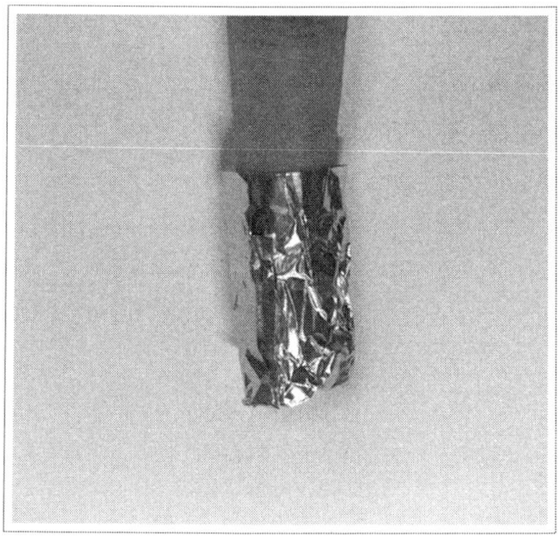

07

호일로 감싸기

호일을 사용하여 공기가 통하지 않도록 5 ~ 10분 감싼다.

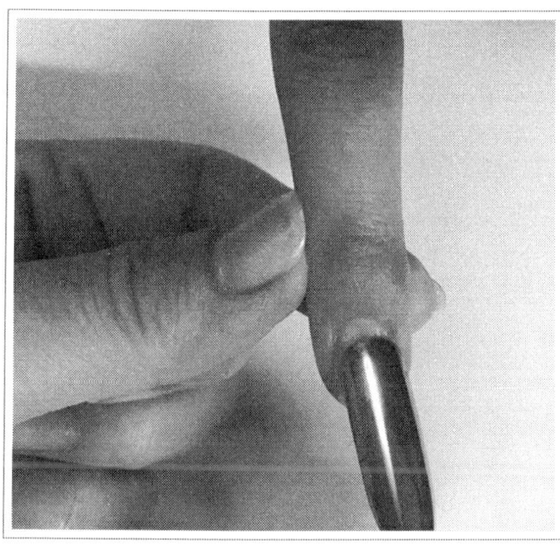

08

잔여물 제거하기

푸셔나 오렌지 우드스틱을 사용하여 남아 있는 인조 네일을 살살 긁어 준다.

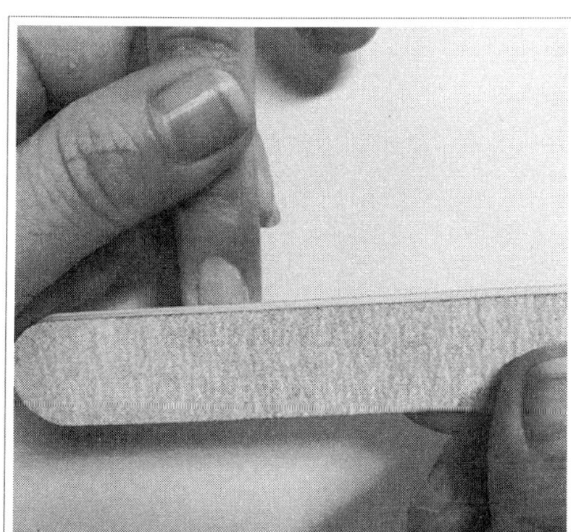

09

파일링하기

파일을 사용하여 표면을 매끄럽게 갈아준 후 라운드 모양을 만든다.

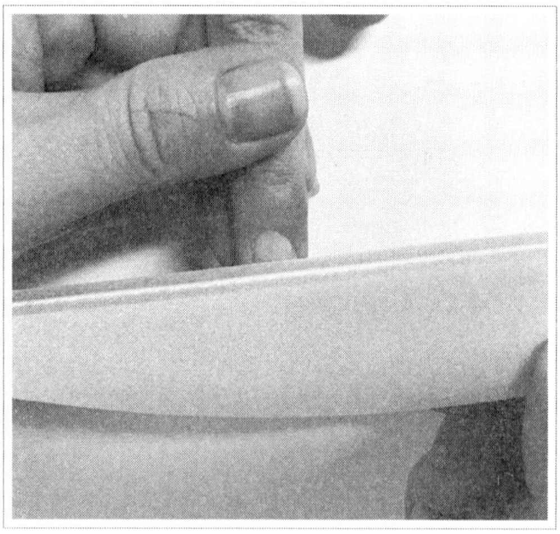

10

표면 정리하기

샌딩 파일을 사용하여 표면을 매끄럽게 정리한다.

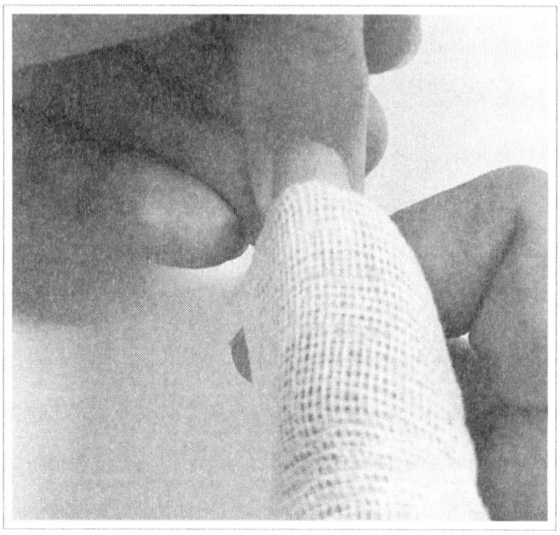

11

마무리하기

손과 손톱 주변의 먼지를 제거한다.
큐티클 오일을 바르고 손과 손톱 전체를 깨끗이 닦는다.

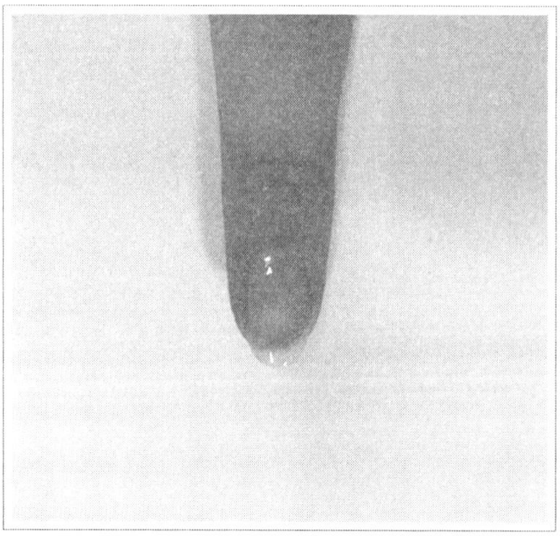

12

완성하기

06

CHAPTER

평가기준표

<table>
<tr><th colspan="8">직무수행능력평가 1차 배점표</th></tr>
<tr><td>교과목명</td><td colspan="5">응용 네일미용</td><td>담당교수</td><td></td></tr>
<tr><td>학과명</td><td>뷰티약손미용과</td><td>학년</td><td>1</td><td>분반</td><td></td><td>학점</td><td>02</td></tr>
<tr><td colspan="2" rowspan="4">능력단위명
(능력단위코드)</td><td colspan="6">기초 팁 네일(1201010417_16v1)</td></tr>
<tr><td colspan="6">랩 네일(1201010405_16v3)</td></tr>
<tr><td colspan="6">아크릴 네일(1201010407_16v3)</td></tr>
<tr><td colspan="6">팁 위드 랩(1201010419_16v3)</td></tr>
<tr><td colspan="7">영역(능력단위요소) 및 수행준거</td><td>배점</td></tr>
<tr><td colspan="2">영역(능력단위요소)</td><td colspan="5">랩 네일 네일팁 적용하기</td><td>10.00</td></tr>
<tr><td colspan="2">수행준거</td><td colspan="5">평가내용</td><td>배점</td></tr>
<tr><td colspan="8">네일 팁의 종류에 따라 팁과 자연 네일의 단차를 제거 할 수 있다.</td></tr>
<tr><td colspan="2">영역(능력단위요소)</td><td colspan="5">네일 랩 적용하기</td><td>10.00</td></tr>
<tr><td colspan="2">수행준거</td><td colspan="5">평가내용</td><td>배점</td></tr>
<tr><td colspan="8">인조 네일의 보강을 위하여 랩 화장물을 순서에 따라 적용할 수 있다. 또한, 인조 네일의 견고함을 위하여 네일 구조에 맞춘 파일 작업을 할 수 있다.</td></tr>
<tr><td colspan="7">합계</td><td>30.00</td></tr>
<tr><td>채점기준</td><td colspan="7"></td></tr>
</table>

<table>
<tr><th colspan="8">직무수행능력평가 2차 배점표</th></tr>
<tr><td>교과목명</td><td colspan="5">응용 네일미용</td><td>담당교수</td><td></td></tr>
<tr><td>학과명</td><td>뷰티약손미용과</td><td>학년</td><td>1</td><td>분반</td><td></td><td>학점</td><td>02</td></tr>
<tr><td colspan="2" rowspan="4">능력단위명
(능력단위코드)</td><td colspan="6">기초 팁 네일(1201010417_16v1)</td></tr>
<tr><td colspan="6">랩 네일(1201010405_16v3)</td></tr>
<tr><td colspan="6">아크릴 네일(1201010407_16v3)</td></tr>
<tr><td colspan="6">팁 위드 랩(1201010419_16v3)</td></tr>
<tr><td colspan="7">영역(능력단위요소) 및 수행준거</td><td>배점</td></tr>
<tr><td colspan="2">영역(능력단위요소)</td><td colspan="5">랩 연장하기</td><td>4.00</td></tr>
<tr><td colspan="2">수행준거</td><td colspan="5">평가내용</td><td>배점</td></tr>
<tr><td colspan="8">아크릴 원톤 스컬프처하기 : 고객의 요청에 따라 연장된 랩 네일의 프리에지 형태를 조형할 수 있다. 또한, 연장된 랩 네일의 표면을 인조 네일 구조에 맞춰 정리 할 수 있다.</td></tr>
<tr><td colspan="2">영역(능력단위요소)</td><td colspan="5">아크릴 원톤 스컬프처하기</td><td>2.00</td></tr>
<tr><td colspan="2">수행준거</td><td colspan="5">평가내용</td><td>배점</td></tr>
<tr><td colspan="8">시술 매뉴얼에 따라 네일과 폼 사이에 틈이 없도록 폼을 끼워 줄 수 있다.</td></tr>
<tr><td colspan="2">영역(능력단위요소)</td><td colspan="5">아크릴 프렌치 스컬프처하기</td><td>2.00</td></tr>
<tr><td colspan="2">수행준거</td><td colspan="5">평가내용</td><td>배점</td></tr>
<tr><td colspan="8">고객의 요청에 따라 네일 위에 보강하거나 원톤 스컬프처, 내추럴 스컬프처, 프렌치 스컬프처, 디자인 스컬프처를 선택하여 시술할 수 있다.</td></tr>
<tr><td colspan="2">영역(능력단위요소)</td><td colspan="5">프렌치 팁 작업하기</td><td>4.00</td></tr>
<tr><td colspan="2">수행준거</td><td colspan="5">평가내용</td><td>배점</td></tr>
<tr><td colspan="8">자연 네일의 크기에 알맞은 프렌치 팁의 크기를 선택할 수 있다. 또한, 필러 파우더를 사용하여 인조 네일을 조형할 수 있다.</td></tr>
<tr><td colspan="2">영역(능력단위요소)</td><td colspan="5">내추럴 팁 작업하기</td><td>2.00</td></tr>
<tr><td colspan="2">수행준거</td><td colspan="5">평가내용</td><td>배점</td></tr>
<tr><td colspan="8">내추럴 팁의 팁 턱을 자연 네일의 손상 없이 제거할 수 있다.</td></tr>
</table>

<table>
<tr><th>영역(능력단위요소)</th><td>랩 네일 네일 팁 적용하기</td><td>2.00</td></tr>
<tr><th>수행준거</th><th>평가내용</th><th>배점</th></tr>
<tr><td colspan="3">네일팁의 종류에 따라 팁과 자연 네일의 단차를 제거 할 수 있다.</td></tr>
<tr><th>영역(능력단위요소)</th><td>네일 랩 적용하기</td><td>2.00</td></tr>
<tr><th>수행준거</th><th>평가내용</th><th>배점</th></tr>
<tr><td colspan="3">인조 네일의 보강을 위하여 랩 화장물을 순서에 따라 적용할 수 있다.</td></tr>
<tr><th>영역(능력단위요소)</th><td>네일 파일 적용하기</td><td>2.00</td></tr>
<tr><th>수행준거</th><th>평가내용</th><th>배점</th></tr>
<tr><td colspan="3">광택과 완성도를 위하여 순차적인 네일 파일을 선택하여 작업 할 수 있다.</td></tr>
<tr><th colspan="2">합계</th><td>30.00</td></tr>
<tr><th>채점기준</th><td colspan="2"></td></tr>
</table>

<table>
<tr><th colspan="8">직무수행능력평가 3차 배점표</th></tr>
<tr><td>교과목명</td><td colspan="5">응용 네일미용</td><td>담당교수</td><td></td></tr>
<tr><td>학과명</td><td>뷰티약손미용과</td><td>학년</td><td>1</td><td>분반</td><td></td><td>학점점</td><td>02</td></tr>
<tr><td rowspan="4" colspan="2">능력단위명
(능력단위코드)</td><td colspan="6">기초 팁 네일(1201010417_16v1)</td></tr>
<tr><td colspan="6">랩 네일(1201010405_16v3)</td></tr>
<tr><td colspan="6">아크릴 네일(1201010407_16v3)</td></tr>
<tr><td colspan="6">팁 위드 랩(1201010419_16v3)</td></tr>
<tr><td colspan="7">영역(능력단위요소) 및 수행준거</td><td>배점</td></tr>
<tr><td colspan="2">영역(능력단위요소)</td><td colspan="5">아크릴 원톤 스컬프처하기</td><td>10.00</td></tr>
<tr><td colspan="2">수행준거</td><td colspan="5">평가내용</td><td>배점</td></tr>
<tr><td colspan="8">시술 매뉴얼에 따라 네일과 폼 사이에 틈이 없도록 폼을 끼워 줄 수 있다.</td></tr>
<tr><td colspan="2">영역(능력단위요소)</td><td colspan="5">아크릴 프렌치 스컬프처하기</td><td>20.00</td></tr>
<tr><td colspan="2">수행준거</td><td colspan="5">평가내용</td><td>배점</td></tr>
<tr><td colspan="8">시술 매뉴얼에 따라 모노머와 폴리머를 적절하게 혼합할 수 있다. 또한, 고객의 요청에 따라 네일 위에 보강하거나 원톤 스컬프처, 내추럴 스컬프처, 프렌치 스컬프처, 디자인 스컬프처를 선택하여 시술할 수 있다.</td></tr>
<tr><td colspan="7">합계</td><td>30.00</td></tr>
<tr><td>채점기준</td><td colspan="7"></td></tr>
</table>

07
CHAPTER

향상/심화 교육 계획서

1 향상교육 계획서

<table>
<tr><th>교과목명</th><td colspan="3">응용 네일미용</td><th>교강사명</th><td></td></tr>
<tr><th>학과명</th><td>뷰티약손미용과</td><th>학년-학기</th><td>1-2</td><th>분반</th><td></td></tr>
<tr><th>관련직무명</th><td>04. 네일미용</td><th>능력단위명
(능력단위코드)</th><td colspan="3">랩 네일(1201010405)
아크릴 네일(1201010407)
기초 팁 네일(1201010417)
팁 위드 랩(1201010419)</td></tr>
<tr><th colspan="6">운영 계획</th></tr>
<tr><th>개요</th><td colspan="5">응용네일 교과목의 직무수행능력을 향상시키고 성취수준의 목표를 달성하고자 한다.</td></tr>
<tr><th>교육방법</th><td colspan="5">1. 강의</td></tr>
<tr><th rowspan="11">교육내용</th><th>능력단위요소</th><th colspan="4">수행준거</th></tr>
<tr><td rowspan="4">랩 네일
네일팁 적용하기</td><td colspan="4">1.2. 고객의 취향에 따라 다양한 디자인 팁을 선택 할 수 있다.</td></tr>
<tr><td colspan="4">1.3. 자연 네일의 상태에 따라 접착제를 선택 할 수 있다.</td></tr>
<tr><td colspan="4">1.4. 손가락과 손톱 방향 상태에 따라 네일 팁을 부착 할 수 있다.</td></tr>
<tr><td colspan="4">1.5. 네일 팁의 종류에 따라 팁과 자연 네일의 단차를 제거 할 수 있다.</td></tr>
<tr><td rowspan="3">네일랩 적용하기</td><td colspan="4">2.2. 인조 네일의 보강을 위하여 랩 화장물을 순서에 따라 적용 할 수 있다.</td></tr>
<tr><td colspan="4">2.3. 랩과 접착제의 경화를 위해 글루 경화 촉진제를 적용 할 수 있다.</td></tr>
<tr><td colspan="4">2.4. 팁 위드 랩 네일의 형태를 조형할 수 있다.</td></tr>
<tr><td rowspan="3">네일 파일 적용하기</td><td colspan="4">3.1. 팁 위드 랩 네일의 형태 완성을 위하여 네일 파일을 선택하여 작업할 수 있다.</td></tr>
<tr><td colspan="4">3.2. 인조 네일의 견고함을 위하여 네일 구조에 맞춘 파일 작업을 할 수 있다.</td></tr>
<tr><td colspan="4">3.3. 광택과 완성도를 위하여 순차적인 네일 파일을 선택하여 작업할 수 있다.</td></tr>
<tr><th>재평가계획</th><td colspan="5">개별 피드백 결과에 따라 미흡한 부분을 보완한다.</td></tr>
</table>

2 심화교육 계획서

<table>
<tr><th>교과목명</th><td colspan="3">응용 네일미용</td><th>교강사명</th><td></td></tr>
<tr><th>학과명</th><td>뷰티약손미용과</td><th>학년-학기</th><td>1-2</td><th>분반</th><td></td></tr>
<tr><th>관련직무명</th><td>04. 네일미용</td><th>능력단위명
(능력단위코드)</th><td colspan="3">랩 네일(1201010405)
아크릴 네일(1201010407)
기초 팁 네일(1201010417)
팁 위드 랩(1201010419)</td></tr>
<tr><th colspan="6">운영 계획</th></tr>
<tr><th>개요</th><td colspan="5">응용네일 교과목의 능력단위를 이해함으로써 심화학습을 통한 전문성을 키워 준다.</td></tr>
<tr><th>교육방법</th><td colspan="5">1. 강의</td></tr>
<tr><th rowspan="4">교육내용</th><th>능력단위요소</th><th colspan="4">수행준거</th></tr>
<tr><td rowspan="3">아크릴 프렌치
스컬프처하기</td><td colspan="4">3.2. 제품 사용법에 따라 아크릴릭 시술을 수행할 수 있다.</td></tr>
<tr><td colspan="4">3.3. 시술 매뉴얼에 따라 모노머와 폴리머를 적절하게 혼합할 수 있다.</td></tr>
<tr><td colspan="4">3.6. 고객의 요청에 따라 네일 위에 보강하거나 원톤 스컬프처, 내추럴 스컬프처, 프렌치 스컬프처, 디자인 스컬프처를 선택하여 시술할 수 있다.</td></tr>
</table>

08

CHAPTER

포트폴리오

과목 :

학번 :

이름 :

17 기초 팁 네일 1201010417

1 프렌치 팁 작업하기 (1201010417_03)

2 내추럴 팁 작업하기 (1201010417_04)

2 팁 위드 랩 1201010419

1 네일 팁 적용하기 (1201010419_01)

2 네일 랩 적용하기 (1201010419_02)

3 네일 파일 적용하기 (1201010419_03)

4 팁 위드 랩 작업하기 (120101419_04)

3 랩 네일 1201010405

1 네일 랩 접착하기 (1201010405_02)

2 네일 랩 연장하기 (1201010405_03)

4 아크릴 네일 1201010407

1 아크릴 원톤 스컬프처 하기 (1201010407_02)

2 아크릴 원톤 스컬프처 하기 (측면)

3 아크릴 원톤 스컬프처 하기 (C커브)

4 아크릴 프렌치 스컬프처 하기 (1201010407_03)

5 아크릴 프렌치 스컬프처 하기 (측면)

6 아크릴 프렌치 스컬프처 하기 (C커브)

저자약력

고정민
건국대학교 이학박사
여주대학교 뷰티약손미용과 겸임교수

김유정
건국대학교 이학박사
여주대학교 뷰티약손미용과 교수

응용 네일미용 실습서

2019년 10월 10일 초판 인쇄
2019년 10월 15일 초판 발행

저 자 고정민 · 김유정
발 행 인 조규백
발 행 처 도서출판 구민사
(07293) 서울특별시 영등포구 문래북로 116, 604호(문래동3가 46, 트리플렉스)
전 화 02.701.7421~2
팩 스 02.3273.9642
홈페이지 www.kuhminsa.co.kr
신고번호 제2012-000055호(1980년 2월 4일)
I S B N 979-11-5813-738-0 13590
값 12,000원